FORSCHUNGSBERICHTE
DES WIRTSCHAFTS- UND VERKEHRSMINISTERIUMS
NORDRHEIN-WESTFALEN

Herausgegeben von Staatssekretär Prof. Leo Brandt

Nr. 288

Dr. phil. Kurt Brücker-Steinkuhl

Anwendung mathematisch-statistischer Verfahren in der Industrie

Als Manuskript gedruckt

SPRINGER FACHMEDIEN WIESBADEN GMBH

ISBN 978-3-663-03516-9   ISBN 978-3-663-04705-6 (eBook)
DOI 10.1007/978-3-663-04705-6

Forschungsberichte des Wirtschafts- und Verkehrsministeriums Nordrhein-Westfalen

Gliederung

Vorwort . . . . S. 5

I. Statistische Untersuchungen von kalt gewalztem Bandstahl . . S. 6
    1. Häufigkeitsverteilung und Fabrikationsprozeß . . . . . S. 7
    2. Prüf- und Annahmeverfahren . . . . S. 15
    3. Kontrollkarte von Lieferungen . . . . S. 20
    4. Anwendung der Varianzanalyse . . . . S. 21
       Anhang: Mathematische Erläuterungen . . . . S. 23

II. Statistische Untersuchungen von Kaltwalzverfahren . . . . . . S. 28
    1. Untersuchung von warm gewalztem Bandstahl . . . . S. 28
    2. Untersuchung des Kaltwalzprozesses . . . . S. 34
    3. Walztechnik und Regelung . . . . S. 36
    4. Statistisches Prüfverfahren im Anschluß an das
       statistische Walzverfahren . . . . S. 44
       Anhang: Mathematische Erläuterungen . . . . S. 46

III. Statistische Untersuchungen von Schleifverfahren . . . . . . S. 48
    1. Häufigkeitsverteilung von Kettenstiften vor und nach
       dem Schleifverfahren . . . . S. 49
    2. Maschineneinstellung . . . . S. 51
    3. Stifteigenschaften . . . . S. 52
    4. Steuerung der Schleifmaschine . . . . S. 53
    5. Prüfung der Produktion . . . . S. 56
       Anhang: Mathematische Erläuterungen . . . . S. 56

IV. Kontrolle von Fabrikationsprozessen . . . . S. 57

  A. Prüfschärfe von Kontrollkarten . . . . S. 57
    1. Kontrollkarte und Testverfahren . . . . S. 57
    2. Vergleich von Kontrollkarten . . . . S. 59
    3. Median-Stichprobenkarte . . . . S. 62

  B. Steuerung von Fabrikationsprozessen ohne Kontrollkarte . . S. 64
    1. Allgemeine Lösung . . . . S. 65
    2. Iterationen mit veränderlichen Kontrollgrenzen . . . . S. 67
    3. Beispiel: Kaltwalzverfahren . . . . S. 70

Forschungsberichte des Wirtschafts- und Verkehrsministeriums Nordrhein-Westfalen

V. Vereinfachtes Rechenverfahren bei Anwendung
der Varianzanalyse . . . . S. 72
    1. Quotienten von Quadratsummen verschiedener
       Gruppierung als Prüfquotienten . . . . S. 73
    2. Die Quadratsummen-Quotienten der n Gruppierungs-
       folgen bei n-facher Gruppierung . . . . S. 78
    3. Prüfung von Untergruppen . . . . S. 82
    4. Sequentialverfahren in der Varianzanalyse . . . . . . S. 84
    5. Praktische Beispiele . . . . S. 85
    6. Zusammenfassung . . . . S. 93

VI. Wirtschaftliche Bedeutung . . . . S. 94

VII. Formelzeichen und Abkürzungen . . . . S. 96

VIII. Literaturverzeichnis . . . . S. 1o1

Forschungsberichte des Wirtschafts- und Verkehrsministeriums Nordrhein-Westfalen

Vorwort

Mathematisch-statistische Untersuchungen in der Technik stellen keine Sammlung von Daten oder Erkenntnissen dar, die neben den technischen Prozessen einhergeht; sie sind vielmehr Vorgänge, die mehr oder weniger tief, mittelbar und unmittelbar in das Fabrikationsgeschehen eingreifen. Erstes Kriterium für die Anwendbarkeit mathematisch-statistischer Methoden ist der nachweisbare praktische und wirtschaftliche Erfolg. Tritt ein solcher Erfolg nicht ein, so sind die Methoden überflüssig und ihre Anwendung erübrigt sich.

Wenn gefragt wird, warum die Anwendung statistischer Verfahren gerade oder erst jetzt vorangetrieben wird, so ist zu sagen, daß die Genauigkeitsansprüche ein derartiges Maß erreicht haben, daß die natürlichen und nicht zu unterdrückenden Streuungen technischer Prozesse eine immer größere Beachtung verlangen. Die Technik befindet sich vergleichsweise nunmehr in einer Situation, die für die Biologie und Landwirtschaft bereits seit einigen Jahrzehnten kennzeichnend ist, weil die natürlichen Streuungen der organischen Vorgänge relativ größer sind und noch zeitiger zu einer Berücksichtigung zwangen als die Streuungen der technischen Vorgänge. Die Schonfrist der kleineren technischen Streuungen ist indessen abgelaufen, und auch im Fabrikationsgeschehen sind die Zeiten der reinen Empirie unwiderruflich vorbei. Was nun erforderlich ist und was zu den nachhaltigsten Wirkungen führen wird, ist eine Verbindung von Praxis und subtiler Theorie, wie sie durch die Anwendung mathematisch-statistischer Methoden in der Technik gegeben ist.

Die vorliegenden Beiträge behandeln einige Untersuchungen auf diesem noch weitgehend unbearbeiteten Anwendungsfeld. Teil I - III liegen Untersuchungen zugrunde, die in einigen Fabrikationsbetrieben - zwei Stahlwerken und einer Kettenfabrik - durchgeführt wurden; Teil IV - VI sind theoretischer oder allgemeiner Art. Die ersten drei Teile enthalten weder mathematische Formeln noch eingekleidete mathematische Gedankengänge und sind so abgefaßt, daß sie auch dem Nicht-Mathematiker verständlich sein dürften. Vorausgesetzt wird hier nur die Kenntnis des Begriffs der Häufigkeitsverteilung und ihrer charakteristischen Merkmale; mathematische Zusammenhänge sind in die zugehörigen Erläuterungen verwiesen. Teil IV und V setzen die Kenntnis der mathematisch-statistischen Methoden voraus; doch sind die praktischen Anwendungen auch hier in einer allgemeiner verständlichen

Form gehalten. Die behandelten Verfahren sind nicht auf die angeführten Beispiele aus der Stahleisen- und Metallindustrie beschränkt, sondern sind allgemein anwendbar und können auf viele andere Fälle sinngemäß übertragen werden.

Über statistische Prüfverfahren für Bandstähle (Teil I) finden sich in der neueren amerikanischen Literatur Hinweise, daß man ungeachtet aller Methodik meist keinen Aufschluß erhalte, wie man eigentlich messen solle. Die allgemeine Lösung des Problems erfordert nämlich statt der üblichen eindimensionalen eine zweidimensionale Betrachtung, die u.a. genaue Anweisungen für die Anordnung der Meßstellen liefert. In diesem Zusammenhang hat auch die in vereinfachter Form behandelte Varianzanalyse (Teil V) ihre technische Bedeutung. Die statistische Behandlung von Kaltwalzverfahren (Teil II) stellt ebenso wie die von Schleifverfahren (Teil III) die Aufgabe, Prozesse mit rasch verlaufender, kontinuierlicher oder diskontinuierlicher Produktion ohne Kontrollkarte zu steuern (Teil IV).

Alle diese Verfahren führen zu erhöhter Wirtschaftlichkeit, zu größerem Nutzen und besserer Qualität - sie sind rationell. In diesem Sinne mögen daher auch die folgenden Ausführungen verstanden sein als Beiträge zu jener Rationalisierung, die keine unerfüllbaren Forderungen stellt, sondern deren Ziel ist: ohne nennenswerten technischen Aufwand, allein durch wissenschaftliche Maßnahmen Güte und Leistung zu steigern.

I. Statistische Untersuchungen von kalt gewalztem Bandstahl [1]

In der Kettenfabrikation wird kalt gewalzter Bandstahl zur Herstellung von Laschen, Hülsen und Rollen verwandt. Bei der Herstellung von Kettenlaschen kommt es in erster Linie auf Genauigkeit der Lochabstände in den Laschen an, und die Anforderungen an die Gleichmäßigkeit der Laschenbanddicke sind nicht sehr hoch. Dagegen wird die Güte von Hülsen und Rollen wesentlich durch die Genauigkeit der Banddicke bestimmt. Hülsenband mit einer Breite von z.B. 11 mm wird nur in einer einzigen Bahn zur Erzeugung von Hülsen benutzt; das zur Rollenproduktion bestimmte, sogenannte

---

1. Die in Teil I- III verwendeten Ausdrücke "Statistische Untersuchungen" bzw. "Statistische Verfahren" sind gleichbedeutend mit "Untersuchungen bzw. Verfahren nach den Grundsätzen und Methoden der mathematischen Statistik".

Forschungsberichte des Wirtschafts- und Verkehrsministeriums Nordrhein-Westfalen

Tiefziehband weist dagegen bei einer Breite von z.B. 80 mm fünf nebeneinander liegende Bahnen auf, aus denen jeweils fünf Scheiben als Vorstufe der zu fabrizierenden Rollen ausgestanzt werden. Dieses Tiefziehband muß demnach sehr hohen Anforderungen hinsichtlich Genauigkeit der Banddicke genügen. Während nach den Werkstoffnormen die zulässige Dickenabweichung für eine Dicke von 1 mm mit $\pm$ 0,04 mm, also insgesamt 0,08 mm bemessen ist, beträgt hier die Präzisionstoleranz 0,02 mm und die zur Zeit übliche, wirkliche Toleranz 0,04 mm.

Die angegebenen Toleranzen gelten für den Mittelbereich der Bänder. In den Kantenbereichen mit einer Breite von je 20 mm treten Verjüngungen auf, die nach den Werkstoffnormen je nach Banddicke 0,02 bis 0,06 mm betragen dürfen. Da auch diese Kantenbereiche zur Fabrikation von Rollen mitverwandt werden, besteht besonderes Interesse daran, die Dickenabweichung nicht nur längs, sondern auch quer zum Bande möglichst klein zu halten.

Zweck der folgenden statistischen Untersuchungen ist, die grundsätzliche Verteilung der Dickenschwankungen von Bandstahl längs und quer zum Bande festzustellen, ein allgemeines Prüf- und Annahmeverfahren auszuarbeiten sowie Hinweise für eine Verbesserung der Bandstahlfabrikation zu erhalten.

1. Häufigkeitsverteilung und Fabrikationsprozeß

a) Meßverfahren

Nach einer varianzanalytischen Voruntersuchung war zu erwarten, daß die Dickenschwankungen quer zum Bande wesentliche Unterschiede aufweisen, d.h. erheblich größer sind als evtl. Zufallsschwankungen längs dem Bande. Demgemäß wurden in genau festgelegten Abständen von der oberen Kante des Bandes - 5, 20, 40, 60, 75 mm bei einer Gesamtbreite von 80 mm - Dickenmessungen vorgenommen (Abb. 1). Solche Profilmeßpunkte wurden in regelmäßigen Abständen von etwa 0,5 m über das ganze Band verteilt, nachdem festgestellt war, daß die homogene Längeneinheit rund 5 cm beträgt - in Übereinstimmung mit den Werkstoffnormen, die einen Mindestabstand von 15 cm zwischen Meßpunkten vorschreiben. Die homogene Längeneinheit ist diejenige Länge, innerhalb deren bei einer Meßgenauigkeit von 0,005 mm keine Unterschiede festgestellt werden; man kann daher auch annehmen, daß ein Band von 80 m Länge in 1600 Teile zerfällt oder im Sinne der Statistik einen Lieferposten, ein Los mit dem Umfang 1600 darstellt. In der angegebenen Weise wurden drei verschiedene Bänder - Fabrikat A, B, C - mit einer Gesamtlänge von 87, 85, 66 m untersucht. Da an den Enden der Bänder Abweichungen auftreten, die gesondert zu behandeln sind (siehe Abschn. 4), wurden für die Häufigkeitsverteilungen nur solche Meßpunkte verwertet, deren Abstand vom Bandende mindestens 3 m beträgt; die Zahl dieser Meßpunkte war je Reihe 161, 157, 120.

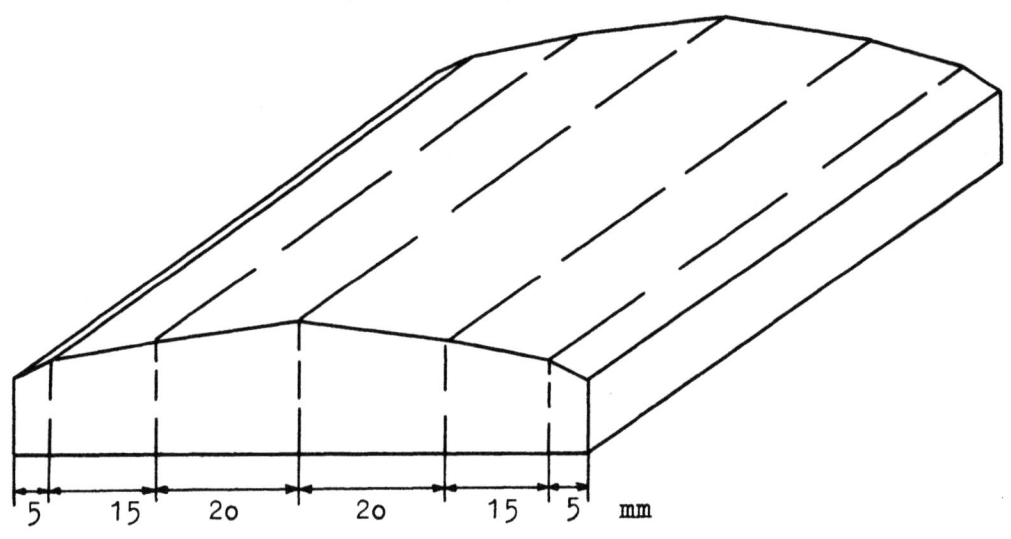

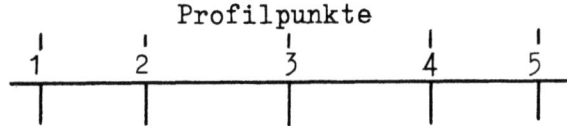

Abbildung 1
Bandstahl - Profil

In den Abbildungen 2, 3, 4 ist die Darstellung 1 die Häufigkeitsverteilung des Profilpunktes 1, bezieht sich also auf solche Meßpunkte, die 5 mm vom oberen Bandrande entfernt lagen; entsprechendes gilt für die Darstellungen 2, 3, 4, 5 der Profilpunkte 2, 3, 4, 5. Abszisse der Abbildungen 2, 3, 4 ist die Dicke in mm, Ordinate die absolute Häufigkeit für die verschiedenen Dicken. Wenn man sich also die eingezeichneten Mittelwerte μ verbunden denkt, so erhält man unmittelbar eine Darstellung des Dickenprofils.

Die Abbildungen zeigen deutlich, daß homogene Kollektive - auch im Mittelbereich - nur für bestimmte Profilpunkte zu erwarten sind. Es wäre also

Forschungsberichte des Wirtschafts- und Verkehrsministeriums Nordrhein-Westfalen

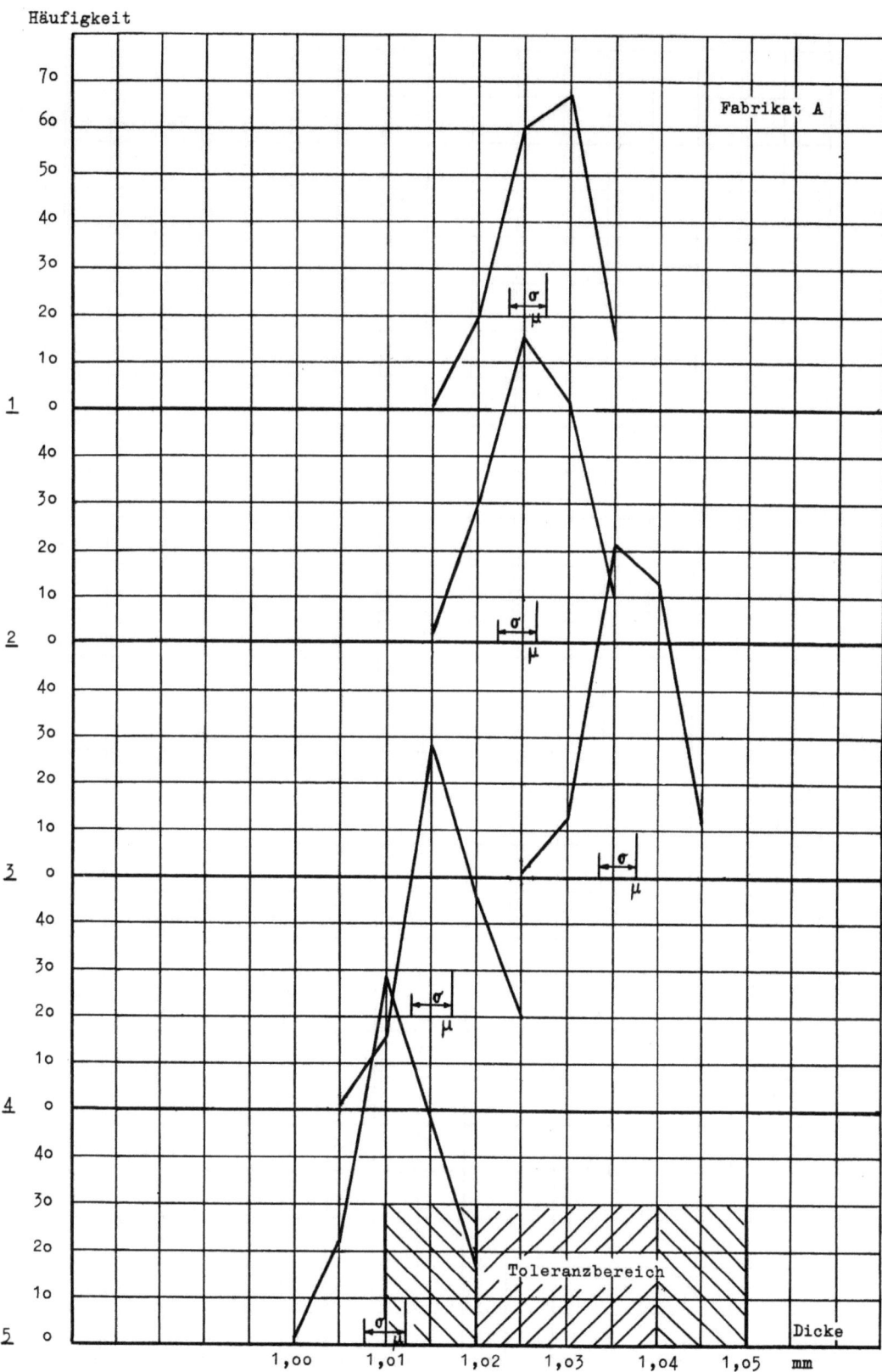

Abbildung 2

Häufigkeitsverteilung der Dicke für die Profilpunkte 1 - 5

Forschungsberichte des Wirtschafts- und Verkehrsministeriums Nordrhein-Westfalen

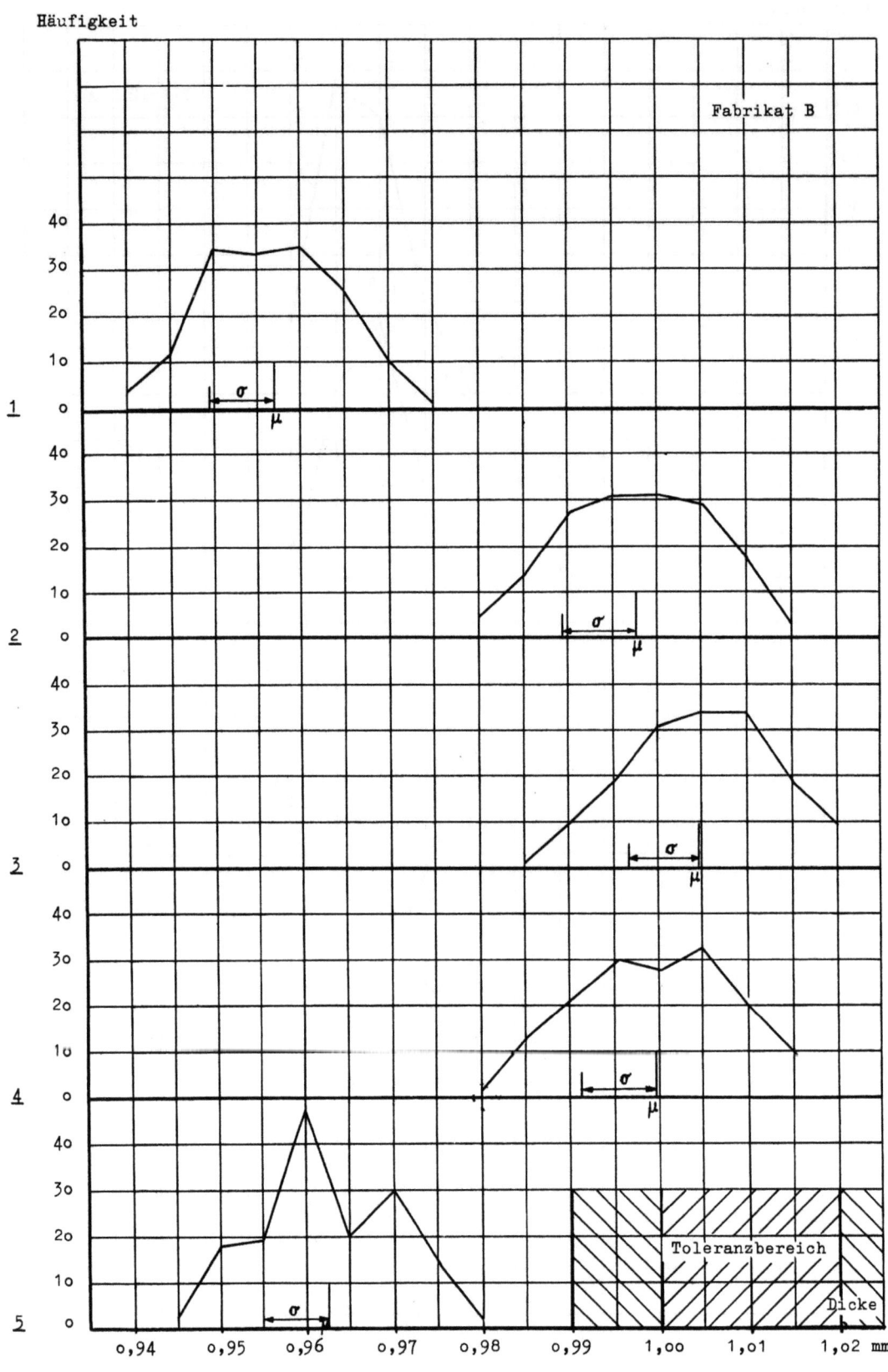

Abbildung 3

Häufigkeitsverteilung der Dicke für die Profilpunkte 1 - 5

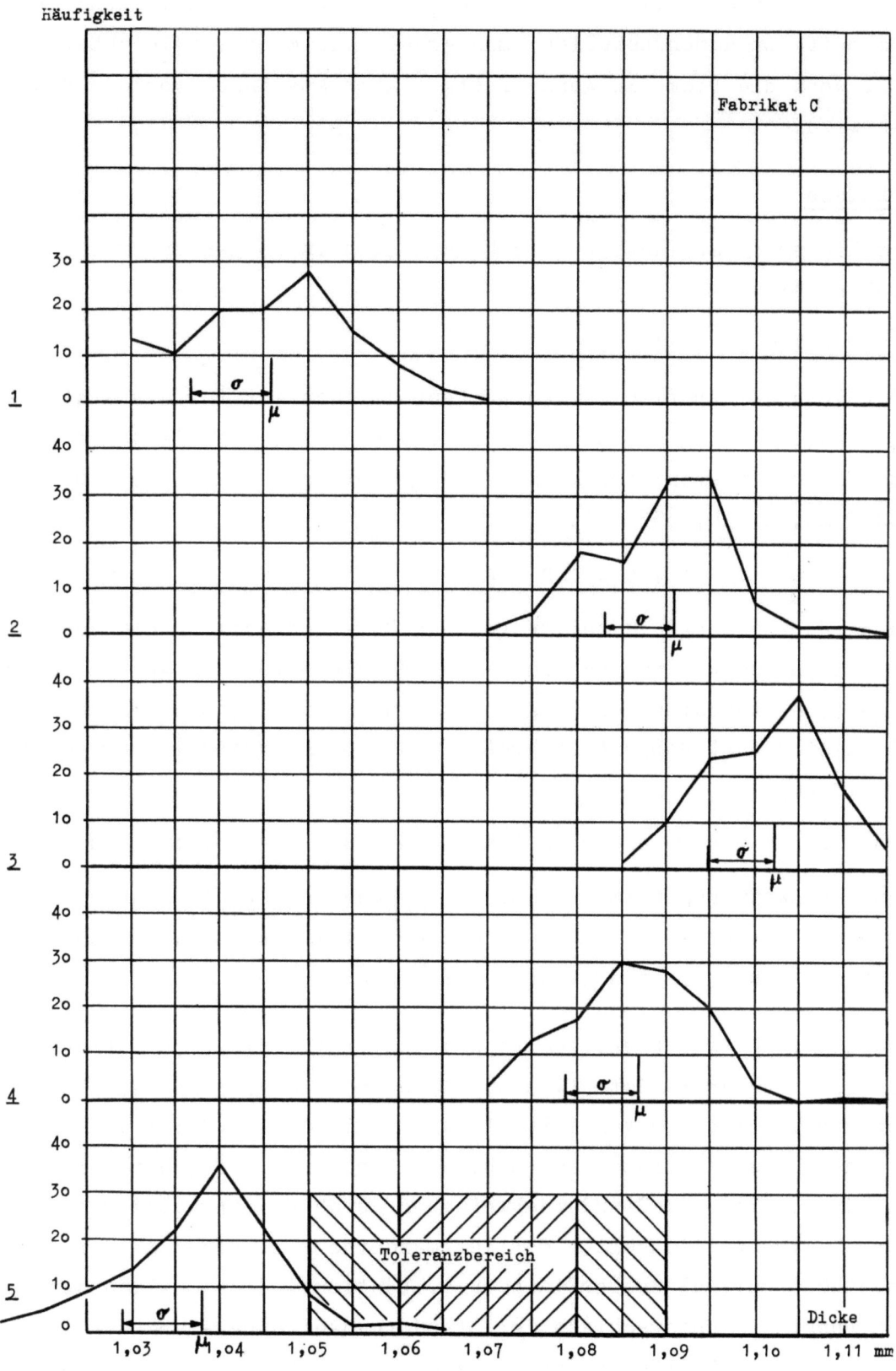

Abbildung 4

Häufigkeitsverteilung der Dicke für die Profilpunkte 1 - 5

falsch, wie es meist üblich ist, Meßreihen aus beliebigen Meßpunkten über die Bandbreite zusammenzustellen; man erhält vielmehr vergleichbare Werte nur dann, wenn die Dicke in genau festgelegten Abständen von der Kante gemessen wird.

b) Ergebnisse

Die verschiedenen Fabrikate unterscheiden sich in folgenden drei Punkten (s. Tabelle 1):

1) Mittelwert μ

Die Verjüngung der Profile in den Kantenbereichen ist für das erste Fabrikat verhältnismäßig klein, für die beiden übrigen Fabrikate beträchtlich (Maximale Differenz der Mittelwerte μ beträgt: A - 0,0255 mm, B - 0,0477 mm, C - 0,0636 mm).

2) Standardabweichung σ

Die Standardabweichungen σ zeigen geringe Unterschiede für die verschiedenen Profilpunkte und beträchtliche Unterschiede für die verschiedenen Fabrikate (Die Standardabweichungen von B und C mit 0,00792 mm und 0,00828 mm sind fast doppelt so groß wie die Standardabweichung von A mit 0,00418 mm).

3) Schwankung der Standardabweichung σ

Die Standardabweichung nimmt von der Mitte nach den Kanten langsam zu. (Die Zunahme beträgt für die verschiedenen Fabrikate A, B, C - 8,45, 18,4, 24 %, ist also für C fast dreimal so groß wie für A.)

Diese nach 3 Punkten aufgegliederte Analyse ergibt Hinweise für den Fabrikationsprozeß der Bandstahlwalzung. Während die verschiedene Verjüngung der Profile mit dem vor Kaltwalzung angelieferten Material sowie mit der Dauer des Walzprozesses (Zahl der Banddurchläufe oder Walzendrucke) zusammenhängt, wird die Standardabweichung durch das angelieferte Material sowie durch Eigentümlichkeiten der Walzmaschine z.B. Lagerung der Achsen, Beschaffenheit der Walzenoberfläche u.a. bestimmt. Hinsichtlich der Deutung von Punkt 3 - Unterschiede der Standardabweichung - sei auf Teil II,2 verwiesen. Die Einstellfehler der Walzmaschine, also Fehler der Bedienung, werden ferner durch eine Kontrollkarte über mehrere Bandringe erfaßt (s. Abschn. 3).

Forschungsberichte des Wirtschafts- und Verkehrsministeriums Nordrhein-Westfalen

T a b e l l e   1

Mittelwerte und Standardabweichungen

Profil-punkt	Mittelwert μ/mm			Standardabweichung σ/mm		
	A	B	C	A	B	C
1	1,027	0,957	1,0457	0,00408	0,00751	0,00902
2	1,0261	0,9975	1,0905	0,00436	0,00823	0,00778
3	1,0371	1,0047	1,1017	0,00402	0,00815	0,00737
4	1,0168	0,9994	1,0864	0,00428	0,00851	0,00809
5	1,0116	0,9623	1,0381	0,00415	0,00719	0,00914
Durchschnitt Wert 1-5				0,00418	0,00792	0,00828
Maximale Differenz	0,0255	0,0477	0,0636	0,00034	0,00132	0,00177
Maximale Differenz %				8,45	18,4	24

c) Vergleich von beobachteter und theoretischer Verteilung

Zwecks Vergleich der beobachteten mit der Gauss'schen Normalverteilung errechnet man mit den Werten μ und σ die für eine Klassenbreite von 0,005 mm zu erwartenden theoretischen Werte der Normalverteilung. Diese Werte sind, zusammen mit den Meßwerten, für die Mittelkollektive der drei Fabrikate in Abbildung 5 eingetragen. Abbildung 5 läßt bereits dem Augenschein nach verhältnismäßig gute Übereinstimmung erkennen, und man weist auch rechnerisch nach, daß die Abweichungen zwischen theoretischen und empirischen Werten noch als Zufallsschwankungen zu betrachten sind. Man ist daher berechtigt, mit der zugehörigen Gauss'schen Normalverteilung weiterzuarbeiten.

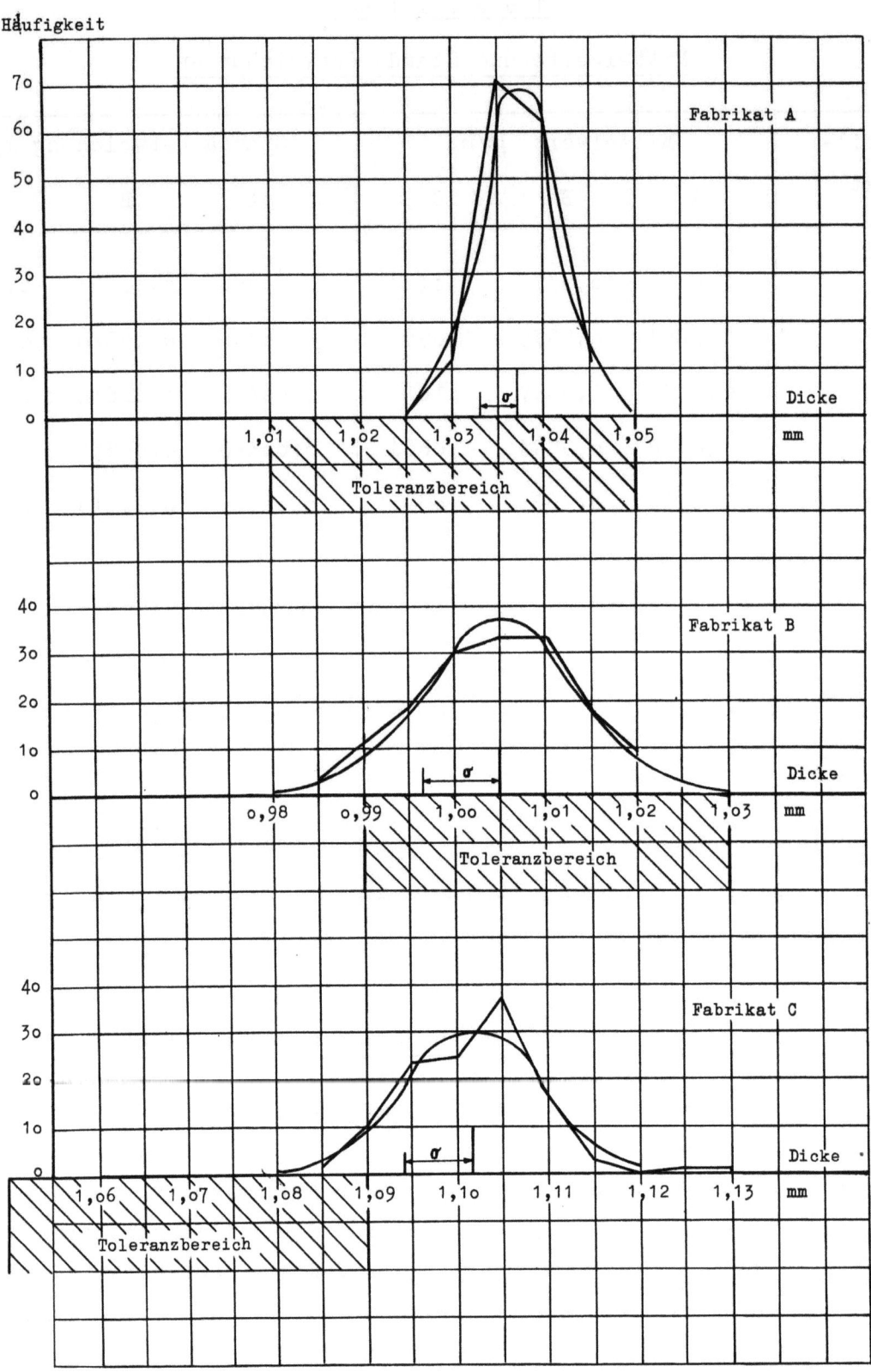

Abbildung 5
Beobachtete und theoretische Häufigkeitsverteilung (Profilpunkt 3)

2. Prüf- und Annahmeverfahren

a) Auswahl eines Kollektivs

Die eigentliche Annahmeprüfung wird auf nur ein Kollektiv, das Mittelkollektiv, beschränkt. Aus diesem Mittelkollektiv wird eine Stichprobe von n Werten entnommen, und es wird geprüft, ob der Mittelwert der Stichprobe innerhalb gewisser Prüfgrenzen liegt. Je nach Ausfall der Stichprobe wird das geprüfte Band angenommen oder abgelehnt. An den geprüften Mittelwert des mittleren Profilwertes werden ferner die übrigen Profilwerte durch eine kleinere Zahl m von Profilreihenmessungen angeschlossen.

Wie die Abbildungen 2 - 4 zeigen, bilden die in verschiedenen Abständen von der Kante entnommenen Meßwerte Kollektive, deren Mittelwerte sich wesentlich voneinander unterscheiden. Entnimmt man in bestimmten Abständen von der Kante mehrmals nacheinander eine große Zahl von Meßwerten, wobei die jeweiligen Meßpunkte nicht zusammenzufallen brauchen, so wird man stets die gleichen Mittelwerte d.h. auch die gleiche Profilform über die ganze Breite des Bandes feststellen. Geht man mit der Zahl der Meßwerte herunter, so werden die Mittelwerte, ebenso die Differenzen der Mittelwerte, innerhalb gewisser Fehlergrenzen schwanken und die festgestellte Profilform wird mit einer gewissen Unsicherheit behaftet sein (s. Math. Erläuterungen). Abbildung 6 gibt ein Beispiel für den

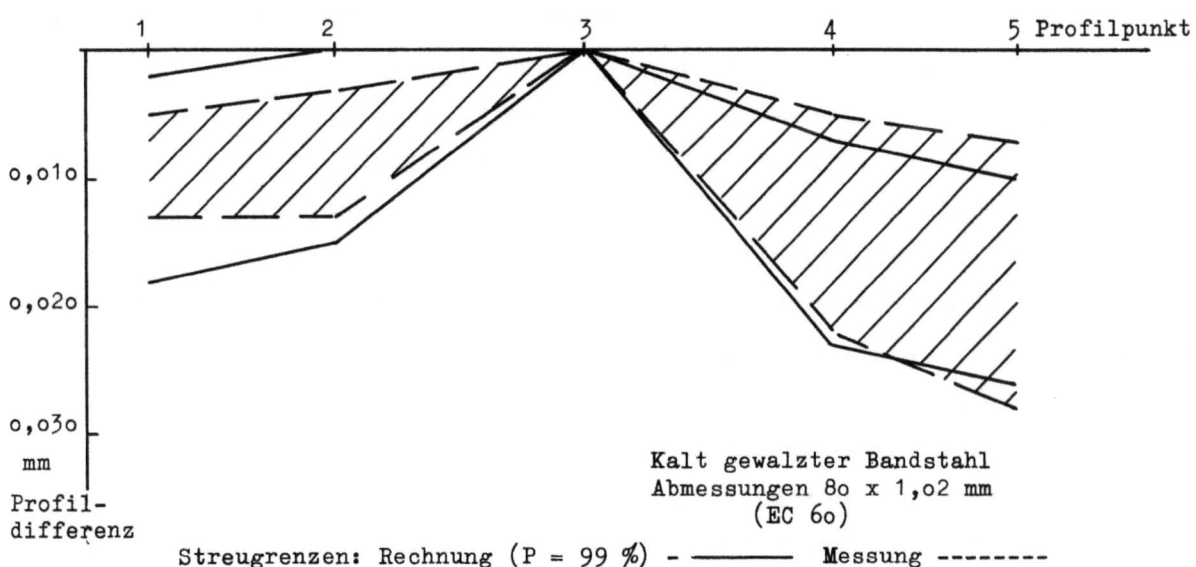

Abbildung 6
Streubereich von Profildifferenzen

Schwankungsbereich solcher Profildifferenzen, wenn die Zahl der Profilreihen nur 3 beträgt.

Nach Abbildung 5 ist es allein bei einem der drei Fabrikate (A) möglich, das Mittelkollektiv so an den oberen Rand des Toleranzbereichs zu lagern, daß auch die übrigen Kollektive, einschließlich der Randkollektive, in den Toleranzbereich fallen. Bei den beiden übrigen Fabrikaten (B und C) kann nur erreicht werden, daß die drei mittleren Kollektive größtenteils im Toleranzbereich liegen. Da aber auch diese Fabrikate zur Zeit weiter verarbeitet werden, muß man vorläufig hinnehmen, daß in den Kantenbereichen erhebliche einseitige Abweichungen nach unten auftreten (s. Abb. 3).

b) Prüf- und Toleranzgrenzen

Im oberen Teil von Abbildung 7 ist die Häufigkeitsverteilung von Einzelwerten sowie die zugehörige Häufigkeitsverteilung aller Stichprobenmittelwerte zu n = 1o dargestellt. Da sich bei der Mittelwertbildung extreme Abweichungen von Einzelwerten teilweise ausgleichen, ist die Häufigkeitsverteilung der Mittelwerte enger um den Gesamt-Mittelwert geschart als die Häufigkeitsverteilung der Einzelwerte. Abbildung 7 zeigt ferner, daß mit der Stichprobenprüfung grundsätzlich an den Prüfgrenzen eine Unsicherheit verbunden ist. Die Prüfgrenze g ist definiert dadurch, daß für Stichprobenmittelwerte $\bar{x} \geq g$ das Kollektiv angenommen und für Stichprobenmittelwerte $\bar{x} < g$ das Kollektiv abgelehnt wird. Im Beispiel der Abbildung 7 ist die Prüfgrenze o,99 mm, und der Mittelwert des zu prüfenden Kollektivs liegt bei o,9854 mm. Dieses Kollektiv müßte also als ungenügend abgewiesen werden; man erkennt aber aus dem oberen Teil von Abbildung 7, daß mit einer geringen Wahrscheinlichkeit von 5 % eine Stichprobe dieses Kollektivs auch oberhalb o,99 mm entnommen und, da vom Stichprobenmittelwert auf den Gesamt-Mittelwert geschlossen wird, das Kollektiv als gut beurteilt werden könnte. Der Wert von 5 % ist im unteren Teil von Abbildung 7 unter dem Gesamt-Mittelwert als Annahme-Wahrscheinlichkeit eingetragen. Entsprechend sind die anderen Werte der $\int$-förmigen Kurven entstanden, die für n = 1o, n = 2o, n = 4o berechnet sind. Je größer der Stichprobenumfang n, umso kleiner ist der Unsicherheitsbereich, nämlich derjenige Bereich, in dem nach dem Stichprobenausfall irrtümlicherweise ein gutes Kollektiv als schlecht und ein schlechtes als gut beurteilt wird. Ein Stichprobenumfang von n = 1o stellt etwa die untere Grenze dar und empfiehlt sich auch aus rechnerischen Gründen.

Forschungsberichte des Wirtschafts- und Verkehrsministeriums Nordrhein-Westfalen

Diejenigen Grenzen, für die die Annahme- und Rückweisungs-Wahrscheinlichkeit gleich einer vorgegebenen kleinen Größe z.B. 1o % ist, werden als untere und obere kritische Grenze bezeichnet. Die in Abbildung 7 eingezeichnete, gestrichelte Kurve stellt die Verteilung der Einzelwerte dar, die mit einem gewissen Anteil (Ausschußprozentsatz) die untere Toleranzgrenze überschreitet. Im ungünstigsten Fall, wenn nämlich der Mittelwert

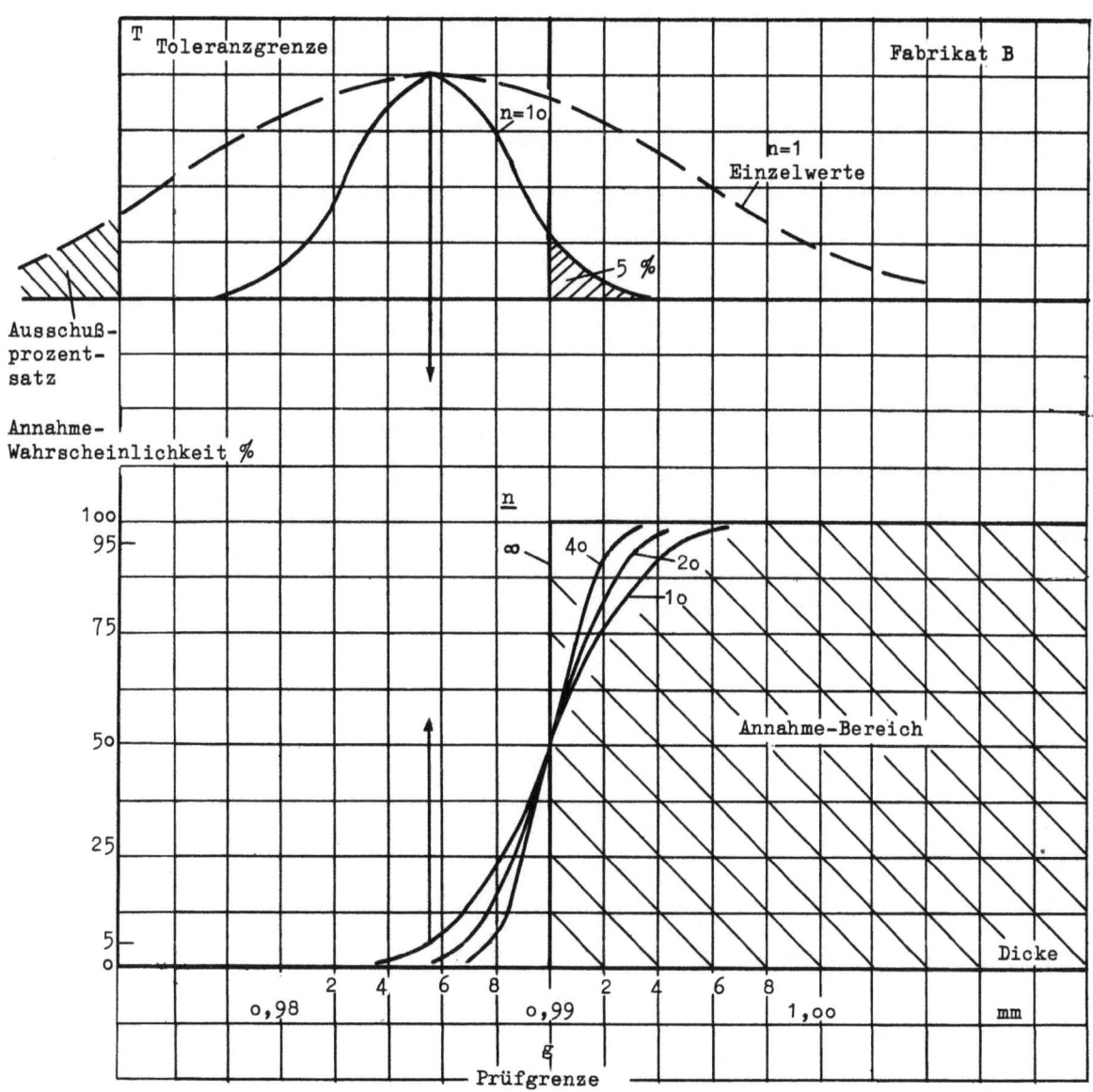

A b b i l d u n g 7

Annahme-Wahrscheinlichkeit für verschiedene Stichprobenumfänge n

Forschungsberichte des Wirtschafts- und Verkehrsministeriums Nordrhein-Westfalen

der Gesamtheit mit der unteren kritischen Grenze zusammenfällt, soll der Ausschuß eine vorgegebene kleine Größe z.B. 5 % nicht überschreiten. Auf Grund dieser Zusammenhänge kann die Prüfgrenze optimal festgelegt werden (s. Math. Erläuterungen).

c) Stichprobenplan

An jedem Bande einer Lieferung werden 22 Dickenmessungen durchgeführt. Diese 22 Messungen setzen sich aus 1 Mittelreihe zu 1o Messungen (längs dem Bande) und aus drei Profilreihen zu je 4 Messungen (quer zum Bande) zusammen (s. Abb. 8). Bei der Ausführung müssen die passend gewählten Abstände von der Bandkante - z.B. 5, 2o, 4o, 6o, 75 mm bei einer Gesamtbreite von 8o mm - bis auf 1 mm genau eingehalten werden; die Genauigkeit der Dickenmessung soll o,oo5 mm betragen. Die Meßpunkte werden in etwa gleichen, aber zwecks Ausschaltung systematischer Fehler nicht in genau gleichen Abständen über die Bandlänge verteilt; man erreicht dies einfach dadurch, daß man die Abstände der Meßpunkte nach der gleichen Zahl Umdrehungen des zu einem Ring aufgewickelten Bandstahls bemißt.

Man bestimmt den Mittelwert der mittleren 1o Meßwerte. Liegt der Mittelwert im Annahmebereich ($g_u \leqq \bar{x} \leqq g_o$), so wird das Band angenommen; liegt der Mittelwert außerhalb des Annahmebereichs ($\bar{x} < g_u$ oder $g_o < \bar{x}$), so wird das Band abgelehnt. Der gesamte Toleranzbereich wird für das Mittelkollektiv entsprechend dem Kantenabfall der Dicke auf einen Teilbereich am oberen Ende des Toleranzbereichs eingeengt. Die untere und obere Prüfgrenze g_u und g_o ist um 2σ von der unteren und oberen Toleranzgrenze entfernt.

Beispiel: Gesamter Toleranzbereich 1,o5 - 1,o9 mm, Toleranzbereich für das Mittelkollektiv 1,o65 - 1,o9 mm, Prüfgrenzen 1,o73 und 1,o82 mm für σ = o,oo4 mm.

Zur Bestimmung der Profilform werden die Differenzen der Profilpunkte 1, 2, 4, 5 gegen den zugehörigen Profilpunkt 3 gebildet und über alle drei Profilreihen gemittelt; die mittleren Differenzen werden von dem Stichprobenmittelwert abgezogen.

In der Mittelreihe zu 1o Messungen wird außer dem Mittelwert die Differenz zwischen dem größten und kleinsten Meßwert als die sogenannte Spannweite bestimmt. Mittelwert und Spannweite der Mittelreihe werden zur Aufstellung einer Kontrollkarte benutzt. Man bestimmt hierzu den Gesamt-Mittelwert

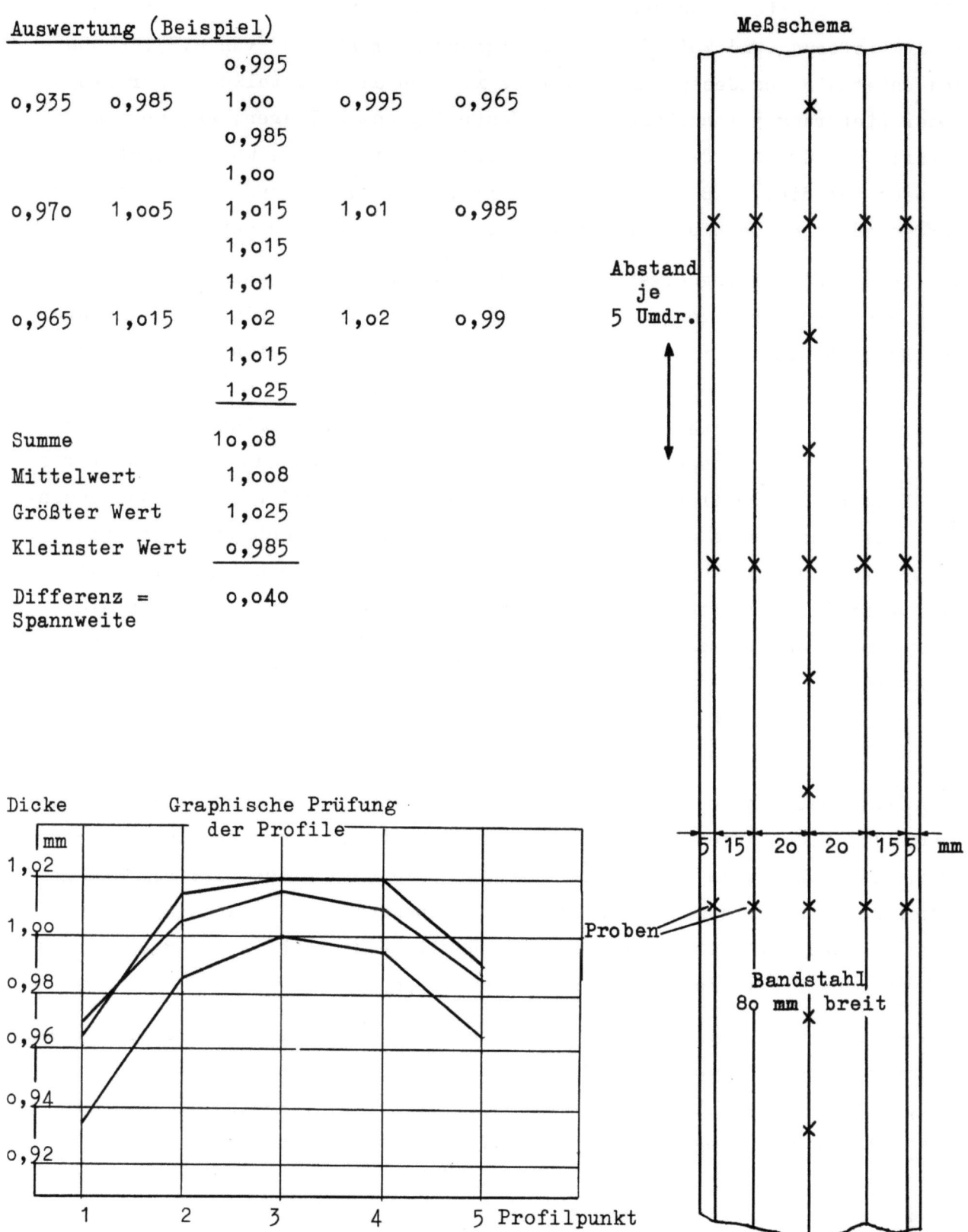

Abbildung 8
Stichprobenplan

aller Mittelwerte $\bar{x}$ und den Mittelwert aller Spannweiten $\bar{R}$ von 25 Ringen einer Lieferung und zeichnet Kontrollgrenzen im Abstand von $0{,}27 \cdot \bar{R}$ ober- und unterhalb des Gesamt-Mittelwertes $\bar{\bar{x}}$. Wenn alle Mittelwerte der Ringe einer Lieferung $\bar{x}$ innerhalb dieser Kontrollgrenzen liegen, welche die natürlichen Grenzen des Fabrikationsprozesses für Mittelwerte darstellen, so bedeutet dies, daß optimale Güte erreicht ist; für das bestimmte Walzverfahren konnte ein besseres Ergebnis nicht erzielt werden.

Wie in der Einleitung erwähnt, wird das sogenannte Hülsenband nur in einer einzigen Bahn zur Erzeugung von Hülsen benutzt. Da die Dickenschwankungen des Hülsenbandes quer zum Bande auf einer Strecke von etwa 10 mm klein und meist nicht größer als die Meßgenauigkeit von 0,005 mm sind, kann die Untersuchung der Dicke auf ein einziges Kollektiv beschränkt werden. Der für Tiefziehband angegebene Stichprobenplan läßt sich daher ohne weiteres auf Hülsenband übertragen - mit der Vereinfachung, daß Profilreihenmessungen überflüssig sind. Zur Prüfung der Breite des Hülsenbandes, die bei Hülsenband im Unterschied zu Tiefziehband zusätzlich benötigt wird, werden 10 Breitenmeßwerte über das ganze Band verteilt entnommen, und die Reihe zu 10 Breitenmessungen wird analog der Reihe zu 10 Dickenmessungen behandelt.

3. Kontrollkarte von Lieferungen

Nach Messungen an 30 Ringen einer Lieferung wurde eine Kontrollkarte aufgestellt. Obwohl die Kontrollkarte bei Prüfverfahren des Abnehmers nicht dazu dienen kann, in den Fabrikationsprozeß einzugreifen, ist die Anlage einer solchen Karte zur Übersicht und gegebenenfalls für Reklamationen nützlich und empfehlenswert; die erforderliche Mehrarbeit ist nach Durchführung des Prüfverfahrens gemäß 2c) nicht bedeutend.

Man erkennt aus Abbildung 9, daß zwar die Streuung des Bandstahl-Fabrikationsprozesses als von der Bedienung unabhängig einigermaßen einheitlich ist, daß aber die Folge der Mittelwerte völlig außer Kontrolle ist. Die Mittelwertkarte spiegelt die fehlerhafte Einstellung und Bedienung der Walzmaschine wider. Die Einstellfehler sind so groß, weil nach den vorliegenden Ergebnissen bei der Regelung nicht richtig gemessen wird und ohne Kenntnis aller Zusammenhänge auch nicht richtig gemessen werden kann.

Solange der Walzprozeß nicht in Kontrolle ist, ist eine Lieferung nicht homogen. Die Kontrollkarte nach Abbildung 9 liefert daher auch den Nachweis, daß die bisher beim Abnehmer übliche Prüfung von Bandstahl - Messung von mehr als 1oo Punkten an jedem fünften Ring einer Lieferung - zu keinen vernünftigen Resultaten führen kann und zu verwerfen ist. Aufschlußreich hinsichtlich weiterer Prüfungen des Abnehmers sind auch die Werte von zwei Ringen, die in der Kettenfabrikation als schlecht befunden und reklamiert wurden (R_1 und R_2); nach den Meßdaten unterscheiden sich diese Ringe in keiner Weise von den übrigen Ringen und ihre Mittelwerte liegen noch innerhalb der Kontrollgrenzen.

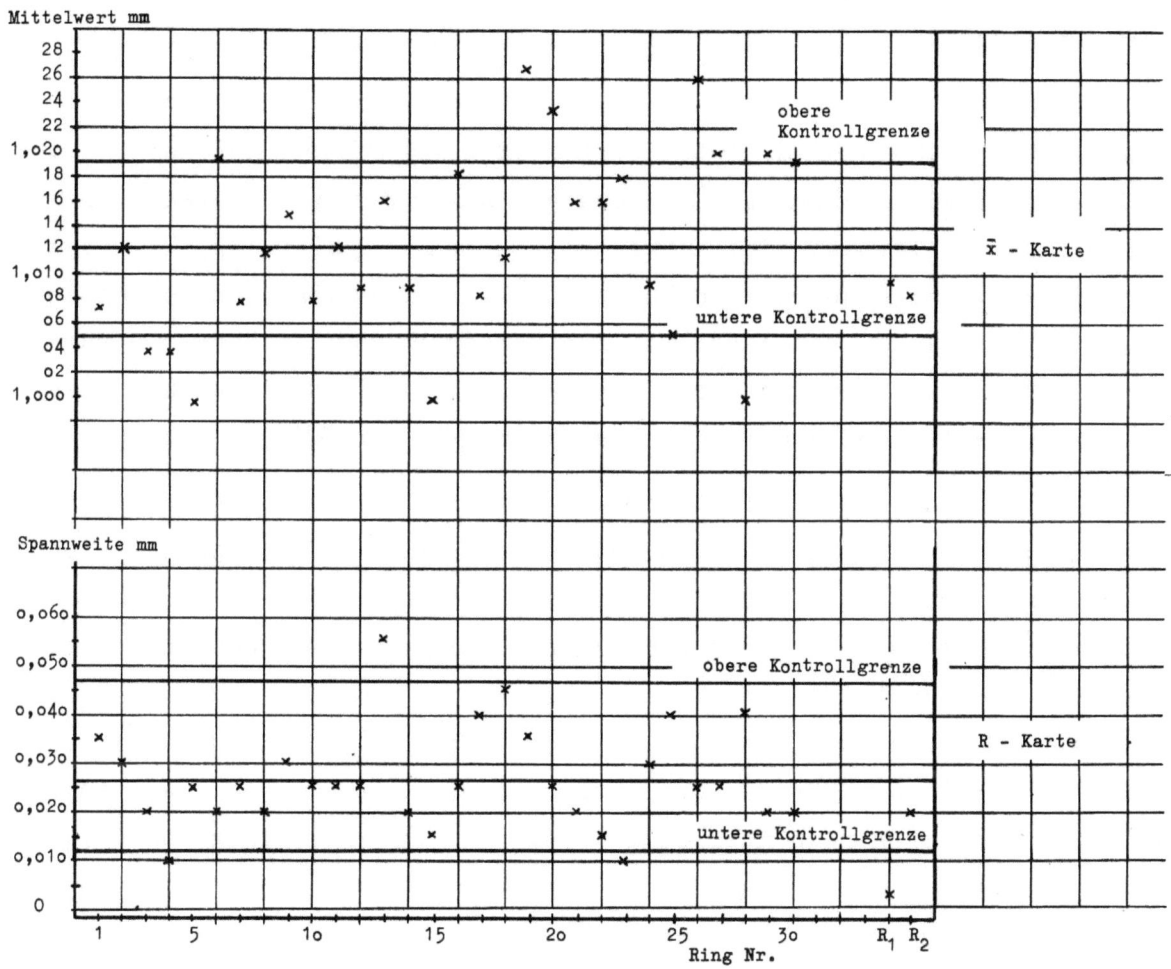

Abbildung 9
Kontrollkarte für Mittelwert und Spannweite

4. Anwendung der Varianzanalyse

Die Methode der Varianzanalyse hat in der metallverarbeitenden Industrie bisher noch kaum Eingang gefunden. Es sei daher kurz zusammengefaßt, welche Anwendungen hier und in ähnlichen Fällen möglich sind (siehe V).

Die Frage, ob zwischen verschiedenen Bandteilen wesentliche Unterschiede bestehen, läßt sich nach der Varianzanalyse mit wenigen, etwa 15 - 25 Proben entscheiden. Ebenso läßt sich, wenn man einige Proben unmittelbar an den Enden und in der Mitte des Bandes entnimmt, statistisch sichern, daß die Bandenden meist größere Dicken als die Bandmitte besitzen. Kalt gewalzter Bandstahl weist demnach wesentliche Dickenunterschiede quer zum Bande, und zwar einheitlich über die ganze Länge, sowie an den Enden meist wesentliche Dickenunterschiede längs dem Bande auf; diesen Unterschieden sind über die ganze Länge und Breite Zufallsschwankungen überlagert.

Diese letzten Tatsachen sind dem Praktiker in den Grundzügen zum Teil bekannt; die statistische Methode führt aber mit geringem Aufwand zu einer bestimmten Urteilssicherheit. Sie ermöglicht ferner in Zweifelsfällen die Nachprüfung des Tatbestandes an wenigen Proben. Signifikanz d.h. Feststellung wesentlicher Unterschiede bedeutet bei zweifacher Gruppierung der Meßwerte, daß die in den verschiedenen Zeilen stehenden Meßwerte parallele Kurven bilden. Bei der hier vorliegenden starken Signifikanz kann man sich daher meist mit einer graphischen Nachprüfung begnügen (s. Abb. 8).

Im Anschluß an die Frage, ob überhaupt Unterschiede im Profilquerschnitt auftreten, kann die Frage untersucht werden, welche Profilpunkte sich nun im einzelnen voneinander abheben. Hierzu kann mittels t-Verteilung jeder Profilpunkt mit jedem anderen Profilpunkt verglichen werden; das gibt bei 5 Punkten insgesamt $\binom{5}{2}$ = 10 Vergleiche. Die an die Varianzanalyse angeschlossene Methode der orthogonalen Vergleiche führt demgegenüber zu einer geringeren Zahl von 4 Vergleichen, die dem vorliegenden Fall gut angepaßt sind. Sie betreffen nach Abbildung 10 die Gegenüberstellung von folgenden Profilpunkten:

a) der beiden äußeren 1, 5 einerseits und der drei inneren 2, 3, 4 andererseits;

b) der beiden mittleren 2, 4 einerseits und des mittelsten 3 andererseits;

c) des äußeren 1 gegen den äußeren 5;

d) des mittleren 2 gegen den mittleren 4.

Diese Prüfungen ergeben in den Fällen a, b Signifikanz und in den Fällen c, d Nicht-Signifikanz (für Fabrikat B und C).

Praktisch bedeutsam werden solche Teilprüfungen dann, wenn man Metallerzeugnisse (z.B. gestanzte Scheiben und dgl.) nach echten Unterschieden, also nicht nach Klassen einer Verteilung, sortieren will. Hierbei ist varianzanalytisch zu entscheiden, welche Profilpunkte oder Untergruppen einander zuzuordnen sind.

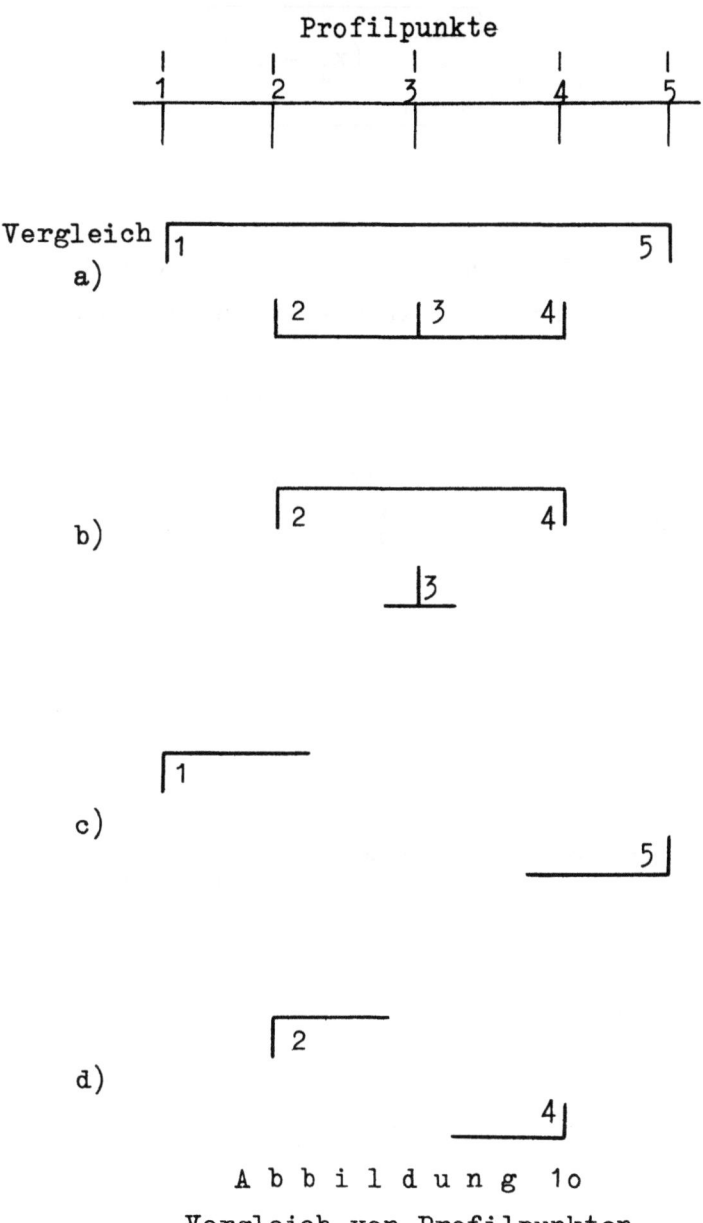

Abbildung 1o
Vergleich von Profilpunkten

Anhang: Mathematische Erläuterungen

Zu 1 b: Bezeichnungen:

	Kollektiv	Stichprobe
Einzelwert	x_i	für $i = 1$ bis n
Mittelwert	μ	$\bar{x}$
Standardabweichung	σ	s
Streuung	σ^2	s^2

Es ist

$$(1) \quad \bar{x} = \frac{\sum_{i=1}^{n} x_i}{n}$$

$$(2) \quad s = \sqrt{\frac{\sum_{i=1}^{n}(x_i - \bar{x})^2}{n-1}}$$

Zu 1 c:

In einem Intervall mit der Klassenbreite c ist nach der Gauss'schen Normalverteilung die theoretische Häufigkeit G gemäß (3) zu erwarten

$$(3) \quad G = n \cdot \left\{ \Phi(\lambda_2) - \Phi(\lambda_1) \right\}$$

wobei
$$\Phi(\lambda) = \frac{1}{\sqrt{2\pi}} \cdot \int_{-\infty}^{+\lambda} e^{-\frac{\lambda^2}{2}} d\lambda$$

$$\lambda = \frac{x - \mu}{\sigma} \qquad \lambda_1 = \frac{x - \frac{c}{2} - \mu}{\sigma} \qquad \lambda_2 = \frac{x + \frac{c}{2} - \mu}{\sigma}$$

bedeuten.

Es sei

$G = G(i)$ die theoretische Häufigkeit
$H = H(i)$ die beobachtete Häufigkeit
an der Stelle $x = x_i$.

Um die theoretische und beobachtete Häufigkeitskurve auf Übereinstimmung zu prüfen, bildet man den Ausdruck

$$(4) \quad \chi^2 = \sum_{i=1}^{n} \frac{\left\{H(i) - G(i)\right\}^2}{G(i)}$$

und vergleicht den Wert χ^2 mit einem aus einer Tabelle der χ^2-Verteilung zu entnehmenden Rechenwert (FG: $n_o = n - 3$). Je nach Ausfall des Vergleichs wird entschieden, ob die Abweichungen zwischen theoretischer und beobachteter Häufigkeit als Zufallsschwankungen zu betrachten sind oder nicht. Diese Prüfung ist für das Annahmeverfahren notwendig, weil hierbei von den Grenzen der Verteilung für Einzelwerte auf die Grenzen der Verteilung für Mittelwerte geschlossen wird und die Form beider Verteilungen bekannt sein muß.

Forschungsberichte des Wirtschafts- und Verkehrsministeriums Nordrhein-Westfalen

<u>Zu 2 b:</u>
Die Breite des Unsicherheitsbereichs und die Neigung der Kurven der Annahme-Wahrscheinlichkeit wird allein durch den Ausdruck $\frac{\sigma}{\sqrt{n}}$ bestimmt. Man benötigt daher bei Verdoppelung von σ den vierfachen Wert von n, um die gleiche Kurve (Operationscharakteristik) zu erhalten. Im Beispiel Abbildung 7 entspricht die Annahmekurve $n = 40$ für Fabrikat B etwa der Annahmekurve $n = 10$ für Fabrikat A.

<u>Zu 2 c:</u>
Für das Annahmeverfahren wird vorausgesetzt, daß die Standardabweichung σ des Prozesses bekannt ist, also nicht erst aus den Meßwerten der Stichprobe erschlossen werden muß.

Die Anforderungen an die für Kettenfabrikation verwendeten Bandstähle sind so hoch, daß die Toleranzbreite stets als eng bezeichnet werden kann. Für enge Toleranzbreite gelten die Formeln [2]:

Abstand Prüf- und Toleranzgrenze (g - T)

$$(5) \qquad g - T = \sigma \cdot (\lambda + \frac{\lambda_\beta}{\sqrt{n}}) = \frac{T_o - T_u}{2} - \lambda_{\alpha/2} \cdot \frac{\sigma}{\sqrt{n}}$$

und die Prüfbeziehung

$$(6) \qquad \frac{T_o - T_u}{2\sigma} = \lambda + \frac{\lambda_{\alpha/2} + \lambda_\beta}{\sqrt{n}}$$

mit $\qquad \lambda = \dfrac{g_\beta - T_u}{\sigma} \qquad \lambda_{\alpha/2} = \dfrac{g_{\alpha/2} - g}{\sigma/\sqrt{n}}$

$$\lambda_\beta = \frac{g - g_\beta}{\sigma/\sqrt{n}}$$

Hier und in (7) und (8) bedeuten:
T_o - obere Toleranzgrenze, T_u - untere Toleranzgrenze, g - Prüfgrenze, $g_{\alpha/2}$ - kritische Grenze, für die das Rückweisungsrisiko gleich $\alpha/2$ ist, g_β - kritische Grenze, für die das Annahmerisiko gleich β ist, γ - Ausschußanteil.

---
2. s. K. BRÜCKER-STEINKUHL, Prüfverfahren für Variable mit weitem und engem Toleranzbereich, Mitteilungsblatt für Math.Statistik 8(1956), S.32

Wenn man in üblicher Weise setzt

$$\alpha = \beta = 0{,}1, \quad \gamma = 0{,}05, \quad \lambda_{\alpha/2} = \lambda = 1{,}64, \quad \lambda_\beta = 1{,}28, \quad n = 10,$$

so erhält man aus (5) und (6)

(7) $\qquad g - T = 2{,}05 \cdot \sigma = \dfrac{T_o - T_u}{2} - 0{,}52 \cdot \sigma$

und

(8) $\qquad \dfrac{T_o - T_u}{2\sigma} = 2{,}56$

Zu 3:

Kontrollgrenzen für $n = 10$:

Mittelwertkarte ($\bar{x}$ - Karte)

$$\bar{\bar{x}} \pm 2{,}58 \cdot \dfrac{\sigma}{\sqrt{10}} = \bar{\bar{x}} \pm 2{,}58 \cdot \dfrac{\bar{R}}{3{,}078 \cdot \sqrt{10}} = \bar{\bar{x}} \pm 0{,}27 \cdot \bar{R}$$

Spannweitenkarte (R - Karte)

$$D_u \cdot \bar{R} = 0{,}44 \cdot \bar{R} \quad \text{bzw.} \quad D_o \cdot \bar{R} = 1{,}76 \cdot \bar{R}$$

Zu 4:

Die Aufnahme von Häufigkeitsverteilungen erfordert großen Probenumfang (etwa $n = 100$), ist daher auf grundsätzliche Untersuchungen beschränkt. Im praktischen Versuchswesen muß man sich mit viel geringeren Probenzahlen begnügen; das entsprechende Versuchsverfahren ist die Varianzanalyse, die je Meßreihe nur wenige Proben benötigt.

Die Untersuchung von Häufigkeitsverteilungen nach den Abbildungen 2 - 4 entspricht der Varianzanalyse in einfacher Gruppierung. Die Häufigkeitsverteilungen für die verschiedenen Profilpunkte von Abbildung 2 - 4 unterscheiden sich hinsichtlich ihrer Mittelwerte wesentlich voneinander. Dementsprechend führt auch die Varianzanalyse in allen diesen Fällen zum Urteil: Starke Signifikanz. (Von den kleineren Streuungsunterschieden für die verschiedenen Profilpunkte 1 - 5 kann hier abgesehen werden.)

Außer den Unterschieden quer zum Bande treten bei Bandstählen auch Unterschiede längs dem Bande auf, und solche Unterschiede lassen sich mittels Häufigkeitsverteilungen nicht mehr untersuchen - es sei denn, man entnähme Meßwerte in gleichen Abständen von den Bandenden für eine große Zahl von Bandstahlringen unter der Annahme, daß alle diese Meßwerte zum gleichen Kollektiv gehören, wobei die Gültigkeit dieser Annahme erst noch

Forschungsberichte des Wirtschafts- und Verkehrsministeriums Nordrhein-Westfalen

zu beweisen wäre. Die Varianzanalyse in einfacher Gruppierung unter Vertauschung von Zeilen und Spalten kann jedoch leicht auf diesen Fall angewandt werden. Allgemein empfiehlt es sich, bei Bandstählen die Varianzanalyse in zweifacher Gruppierung anzuwenden; sie bietet in dieser Form die Möglichkeit, Unterschiede in ihrer räumlichen Verteilung nicht nur nach einer Dimension, sondern nach zwei Dimensionen, also längs und quer zum Bande, gleichzeitig zu erfassen.

Die mit einer geringen Zahl von Proben festgelegten Profilunterschiede sind, verglichen mit den Profilunterschieden der Häufigkeitsverteilungen, mit einer gewissen Unsicherheit behaftet; sie liegen innerhalb eines Schwankungsbereichs, der sich nach den Methoden der Varianzanalyse rechnerisch ermitteln läßt. Der in Abbildung 6 dargestellte Schwankungs- oder Streubereich von Profildifferenzen ist bezogen auf Mittelwerte von nur 3 Profilreihen. Man erkennt, daß die theoretisch berechneten und die beobachteten Streubereiche gut übereinstimmen. Je höher die Zahl der Profilreihen ist, umso kleiner ist natürlich der Streubereich. Bei größeren Anforderungen an die Sicherung der Profilform muß die Zahl der Profilreihen erhöht werden - im Rahmen des Stichprobenplans 2 c) etwa von $j = 3$ auf $j = 10$.

Bei zweifacher Gruppierung wird die Versuchsfehlerstreuung durch Abspaltung von Gruppenstreuungen auf den Wert

$$(9) \qquad s_v^2 = \frac{q_v^{(1)} - q_s}{(j-1) \cdot (k-1)}$$

reduziert (hinsichtlich Bezeichnungen vgl. V).

Als Versuchsfehlerstreuung für die Differenz zweier Gruppen-Mittelwerte (Spalten-Mittelwerte) erhält man

$$(10) \qquad s_d^2 = \frac{2 \cdot (q_v^{(1)} - q_s)}{j \cdot (j-1) \cdot (k-1)}$$

und der Streubereich der Differenzen, im vorliegenden Falle der Profildifferenzen nach Abbildung 6, beträgt

$$(11) \qquad \pm t \cdot s_d \quad \text{mit FG der t-Verteilung: } n = (j-1) \cdot (k-1)$$

Würde man auf das Werteschema die Varianzanalyse in einfacher Gruppierung anwenden, so wäre die entsprechende Versuchsfehlerstreuung der Differenzen

Seite 27

(Spalten-Mittelwerte) gegeben durch

$$(12) \qquad s'^2_d = \frac{2 \cdot (q_v^{(1)} - q_s + q_z)}{k \cdot j \cdot (j-1)}$$

Der Präzisionsgewinn bei Anwendung der Varianzanalyse in zweifacher statt in einfacher Gruppierung ist hiernach

$$(13) \qquad \frac{s'^2_d}{s^2_d} = \frac{k-1}{k} \cdot \left(1 + \frac{q_z}{q_v^{(1)} - q_s}\right)$$

Diese Formel hängt ab vom Verhältnis $\frac{q_z}{q_v^{(1)} - q_s}$ und behält ihren Wert auch dann, wenn die zweifache Gruppierung für eine willkürlich gewählte Wahrscheinlichkeit von 95 % Nicht-Signifikanz in Zeilenrichtung ergibt.

Obwohl q_z und $(q_v^{(1)} - q_s)$ vom Material abhängen, ergibt sich für den Ausdruck (13) in den verschiedenen Fällen annähernd der gleiche Zahlenwert 1,8.

II. Statistische Untersuchungen von Kaltwalzverfahren

Dem ersten Teil "Statistische Untersuchungen von kalt gewalztem Bandstahl" lag eine Prüfung fertig gewalzter Fabrikate zugrunde, also eine Bestandsaufnahme beim Verbraucher, einer Kettenfabrik. Der folgende zweite Teil behandelt statistische Untersuchungen von Kaltwalzverfahren in zwei Stahlwerken. Nachdem eine Methode zur Messung und Prüfung von Bandstahl entwickelt war, war es das Ziel der weiteren Untersuchungen, die Bandstahlfabrikation selbst zu prüfen, d.h. den Walzvorgang in seinen einzelnen Phasen zu verfolgen und durch geeignete Maßnahmen zu vereinfachen und zu verbessern. Ferner wurde angestrebt, die kostspielige Annahmeprüfung von Bandstahl bei den Stahlverbrauchern durch Ausbau der Endkontrolle beim Stahlerzeuger zu ersparen.

1. Untersuchung von warm gewalztem Bandstahl

Ausgangsmaterial der Kettenfabrikation ist der kalt gewalzte Bandstahl. In der vorangehenden Erzeugerstufe, dem Kaltwalzwerk, ist das Ausgangsmaterial der warm gewalzte Bandstahl, dessen Eigenschaften zunächst festzustellen sind. Durch das Kaltwalzverfahren wird der warm gewalzte Bandstahl in seinen Eigenschaften veredelt: Die Dicke des Bandes wird gleichförmiger. Das Walzmaterial im Anlieferungszustand weist daher höheren Kantenabfall der Dicke und größere Streuung der Dicke als nach Bearbeitung auf. Ferner treten größere Unterschiede der Dicke längs dem Bande auf, nicht nur an den Enden des Bandes, sondern bei dickerem Material auch derart, daß das Dickenprofil des Bandes in Längsrichtung Keilform aufweist. Zwei Beispiele sollen dieses Verhalten klarlegen.

a) Warm gewalzter Bandstahl mit Anwachsen der Dicke längs dem Bande [3]

Abbildung 11 ist eine Darstellung der Meßwerte für ein verhältnismäßig dickes Warmband mit Anwachsen der Dicke in Längsrichtung des Bandes (Abmessungen 67 x 3,75 mm). Wie bei der Untersuchung von kalt gewalztem Bandstahl wurden in genau festgelegten Abständen von der oberen Bandkante Meßpunkte über die Bandlänge verteilt. Die Darstellung 1 ist die Häufigkeitsverteilung aller Meßwerte, die 5 mm von der oberen Bandkante entfernt liegen; Darstellung 2, 3, 4, 5 entsprechen den Meßreihen in 17, 33,5, 50, 62 mm Abstand von der Bandkante. Nach Abbildung 11 ist das Bandprofil quer zum Bande symmetrisch und der Kantenabfall beträgt etwa 0,04 mm. Die einzelnen Häufigkeitsverteilungen sind keine Normalverteilungen, sondern zeigen Maxima am rechten Ende der Verteilung für größere Dicken.

Abbildung 12 stellt die Dicke jedes einzelnen der 36 Meßwerte in der natürlichen Aufeinanderfolge der Meßwerte für das Mittelkollektiv dar (Abb. 11, Darstellung 3). Die Meßwerte steigen, abgesehen von kleineren Zufallsschwankungen, vom einen zum anderen Ende des Bandes an, und zwar nicht nach einer Geraden, sondern nach einer am oberen Ende gekrümmten Kurve. Diese Krümmung führt zu einer Häufung von Meßwerten bei größeren Dicken und entspricht dem Maximum der Häufigkeitsverteilungen von Abbildung 11.

Das Anwachsen der Dicke in Längsrichtung des Bandes, in Abbildung 12 gekennzeichnet durch eine gekrümmte Kurve, kann als systematische Komponente und die Schwankung der Meßwerte um diese gekrümmte Kurve als Zufallskomponente bezeichnet werden. Beide Komponenten lassen sich rechnerisch

---

3. Man erklärt solche Dickenunterschiede bei warm gewalzten Bändern durch den verschiedenen Wärmezustand, in dem die verschiedenen Bandteile zur Walzung kommen (s. H. HOFF und Th. DAHL, Grundlagen des Walzverfahrens, Düsseldorf 1950, Walzen und Kalibrieren, Düsseldorf 1954).

Forschungsberichte des Wirtschafts- und Verkehrsministeriums Nordrhein-Westfalen

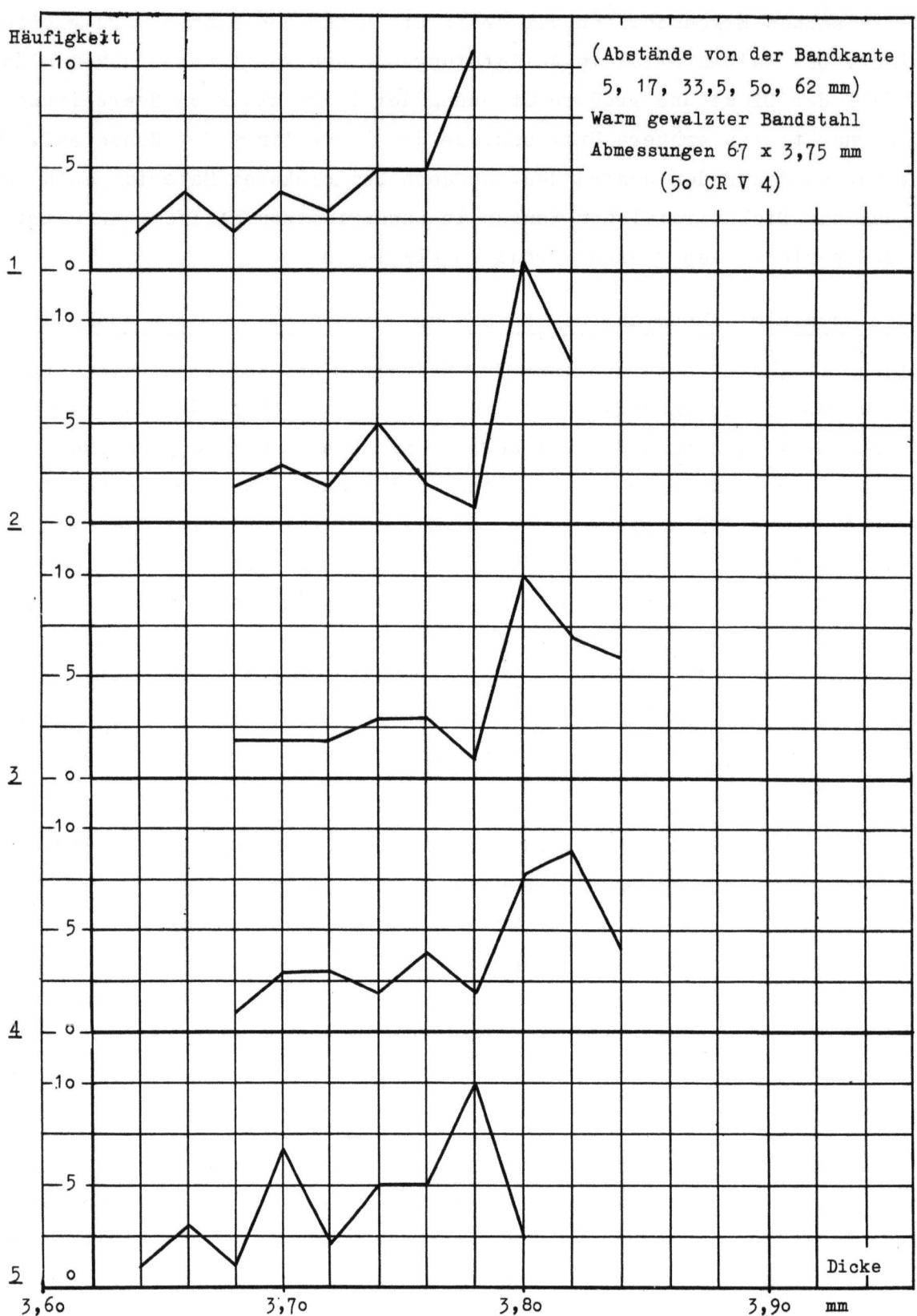

Abbildung 11

Häufigkeitsverteilung der Dicke für die Profilpunkte 1 - 5

Forschungsberichte des Wirtschafts- und Verkehrsministeriums Nordrhein-Westfalen

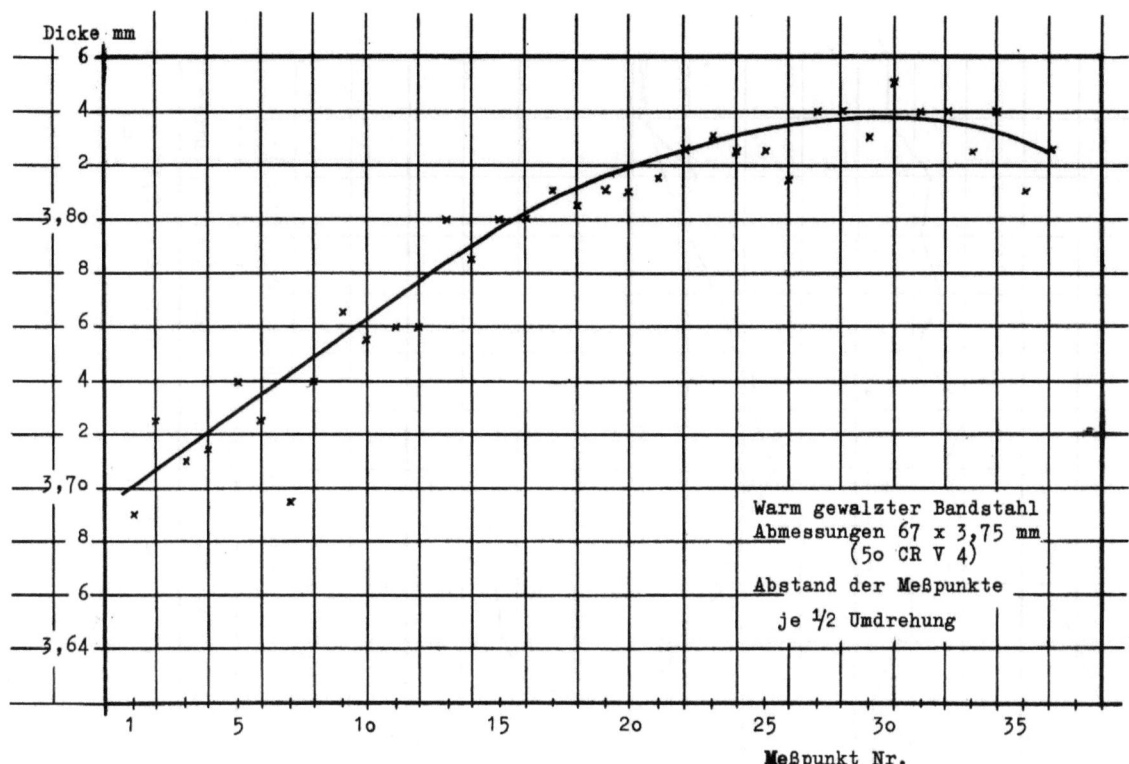

Abbildung 12
Dicke in Abhängigkeit von der Bandlänge (Profilpunkt 3)

voneinander trennen; im Beispiel Abbildung 12 beträgt hiernach die Standardabweichung der Zufallskomponente $\sigma = 0{,}0101$ mm.

b) Warm gewalzter Bandstahl ohne Anwachsen der Dicke längs dem Bande

Abbildung 13 gibt ein Beispiel für Warmbänder ohne Anwachsen der Dicke in Längsrichtung des Bandes (Abmessungen 80 x 2,10 mm). Die einzelnen Häufigkeitsverteilungen für die Profilpunkte 1-5 - Abstand 5, 20, 40, 60, 75 mm von der Bandkante - können als Normalverteilungen gelten (s. Kurve für Profilpunkt 3). Das Warmband nach Abbildung 13 hat ein unsymmetrisches Dickenprofil quer zum Bande, und der maximale Kantenabfall beträgt 0,083 mm. Die Standardabweichung σ ist erheblich größer als im kalt gewalzten Zustand und liegt im Mittel bei 0,0137 mm; sie stimmt größenordnungsmäßig mit der nach Elimination der systematischen Komponente errechneten Standardabweichung von Fall a) überein ($\sigma = 0{,}0101$ mm).

Anschließend wurden Stichproben des Mittelkollektivs an 40 Ringen der ganzen Warmbandlieferung entnommen und Kontrollkarten des Mittelwerts und der Spannweite aufgestellt. Nach Abbildung 14 ist die Spannweite als ein Maß

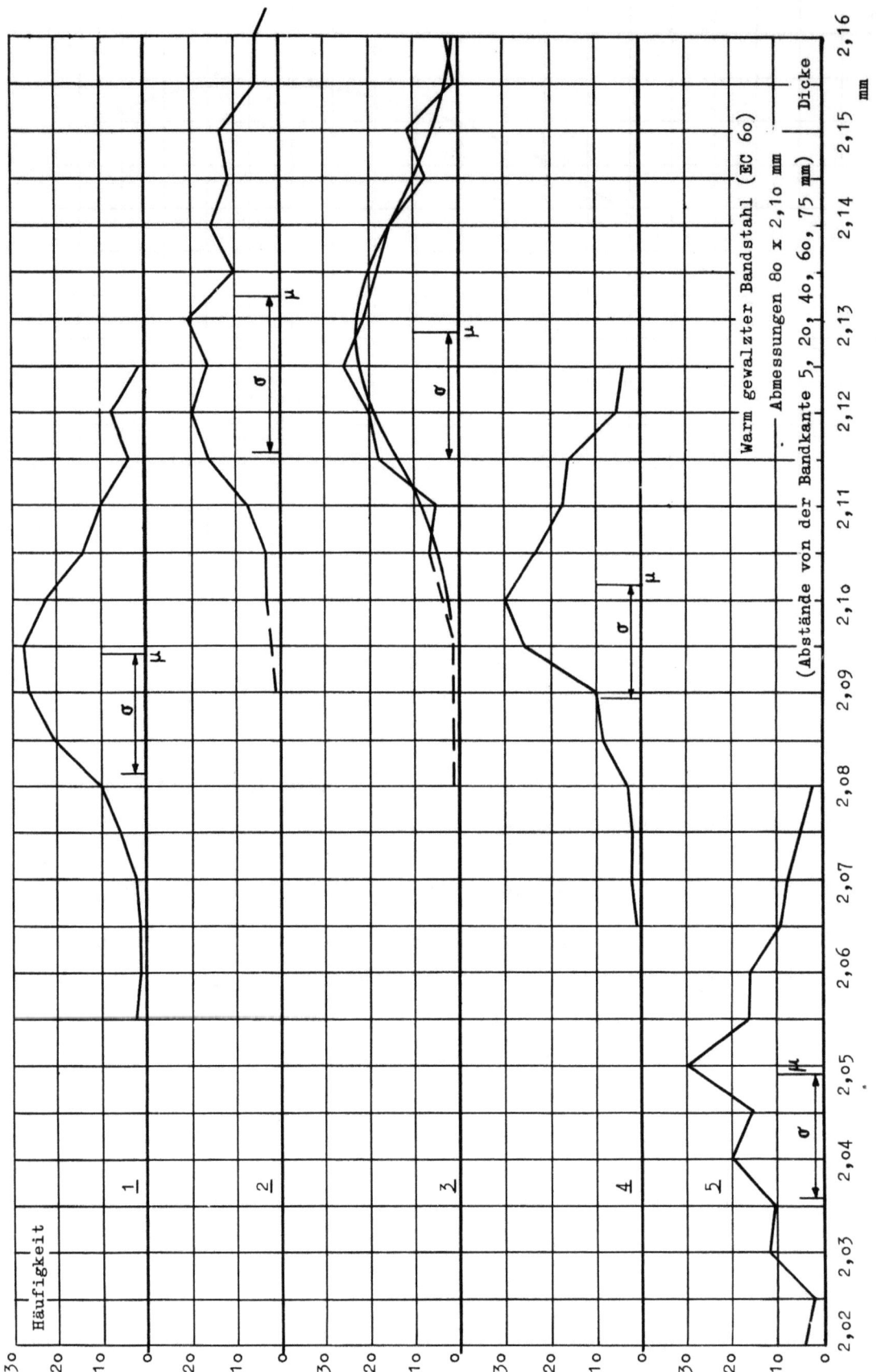

Abbildung 13

Häufigkeitsverteilung der Dicke für die Profilpunkte 1 - 5

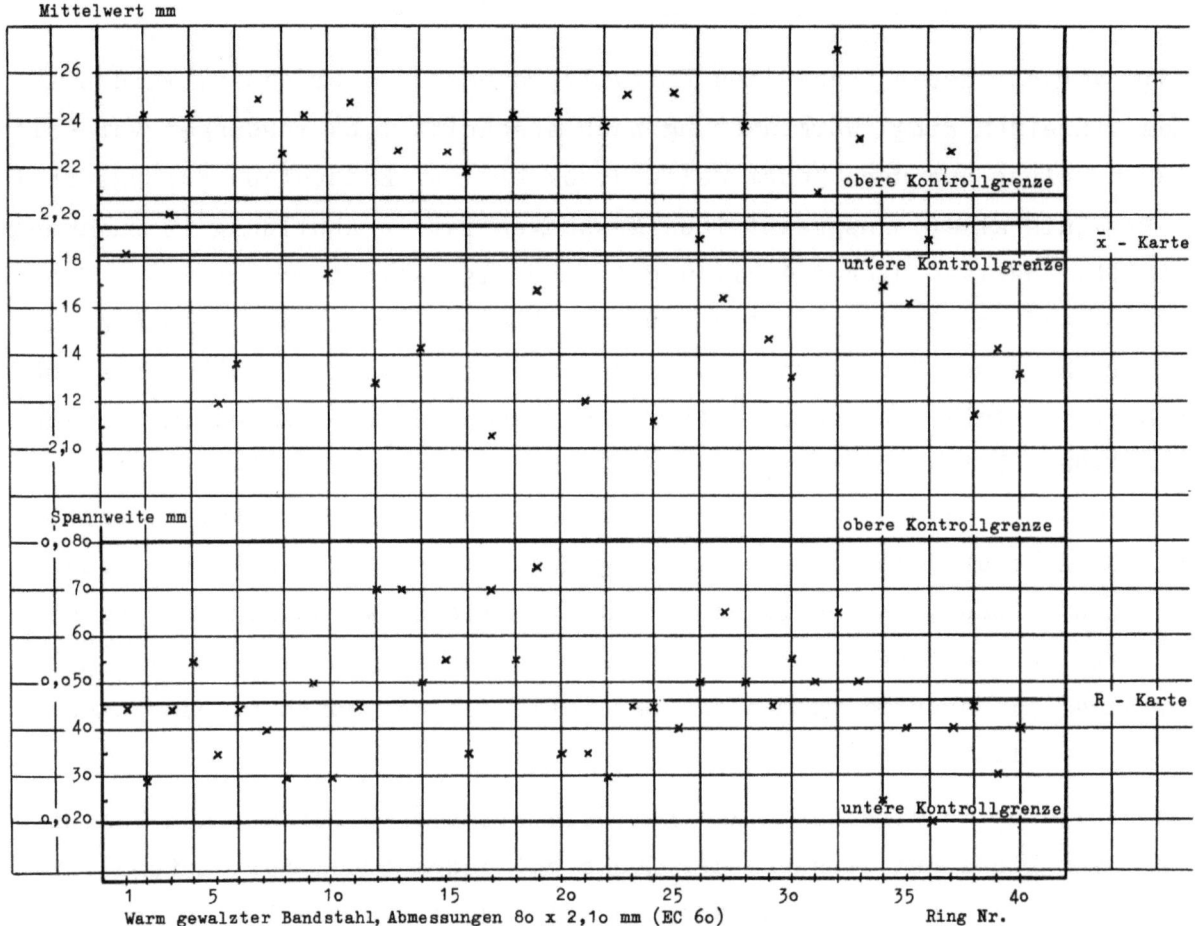

Abbildung 14
Kontrollkarte für Mittelwert und Spannweite

für die Streuung des Warmwalzprozesses in Kontrolle; dagegen liegen die Mittelwerte mit Ausnahme von nur 1o % weit außerhalb der Kontrollgrenzen. Diese Tatsache legt jedoch keine praktischen Konsequenzen nahe, obwohl es auch bei Warmwalzprozessen möglich sein müßte, die Mittelwerte in Kontrolle zu halten. Für die Nachbehandlung im Kaltwalzprozeß, bei dem der Querschnitt des Bandes insgesamt um Millimeter heruntergewalzt wird, ist es gleichgültig, ob sich die Ausgangsdicke um einige hundertstel Millimeter vom Sollwert unterscheidet; entscheidend für die Homogenität der Lieferung ist die Walzenregulierung des Kaltwalzprozesses.

Forschungsberichte des Wirtschafts- und Verkehrsministeriums Nordrhein-Westfalen

2. Untersuchung des Kaltwalzprozesses

Um die verschiedenen Phasen des Kaltwalzprozesses zu erfassen, wurden an einem einzelnen Ring (Warmbandring nach Abschnitt 1 b) Messungen vor Kaltwalzbehandlung und nach jedem Walzendruck bis zum Endzustand durchgeführt. Das Ergebnis aller, insgesamt 1200 Messungen ist in Abbildung 15 zusammengestellt. Abszisse dieser Abbildung ist der Kantenabstand für die 5 Profilpunkte 1 - 5 und Ordinate ist die Dicke. Die Häufigkeitsverteilungen für die verschiedenen Profilpunkte sind der Übersichtlichkeit halber ersetzt durch die Mittelwerte und Grenzen der Häufigkeitsverteilungen im Abstand von $\pm 1,96\,\sigma$ bei einer statistischen Sicherheit von 95 %. Verbindet man Mittelwerte und Grenzwerte für die verschiedenen Profilpunkte, so erhält man nach Abbildung 15 eine Darstellung des Dickenprofils mit einem zugehörigen Streuband, innerhalb dessen die wirklichen Werte zu erwarten sind. Die erste Darstellung Abbildung 15 (Warmbandzustand) stimmt überein mit Abbildung 13; darunter folgen die Darstellungen des Bandzustandes nach dem ersten bis fünften Walzendruck.

Nach Abbildung 15 wird durch das Kaltwalzverfahren erreicht, daß Kantenabfall der Dicke und Streuung der Dicke mit jedem Druck fortlaufend verringert werden. Im einzelnen läßt sich folgendes feststellen: Nach dem dritten Druck ist das Material auf der linken Seite des Bandes (Profilpunkt 1 - 3) begradigt und der Kantenabfall auf der rechten Seite (Profilpunkt 3 - 5) ändert sich nicht mehr stark. Auf der linken Seite nimmt ferner die Streuung fortlaufend ab, sie ändert sich dagegen auf der rechten Seite nach dem dritten Druck ebenso wie der Kantenabfall nicht mehr wesentlich. Während vor dem Kaltwalzen die Streuung links größer ist als die Streuung rechts, ist daher nach dem Kaltwalzen gerade umgekehrt die Streuung rechts größer als die Streuung links. Diese Erscheinungen hängen mit dem unsymmetrischen Profil des Materials zusammen. Die gegebene Profilform (links größere Dicke als rechts) ändert sich grundsätzlich während des Kaltwalzens nicht. Da infolgedessen während des ganzen Walzverfahrens ein größerer Walzdruck auf die linke Seite ausgeübt wird, werden hier die Dickenschwankungen fortlaufend ausgeglichen, d.h. die Streuung auf der linken Seite nimmt stärker ab als auf der rechten Seite. Die Differenz zwischen dem kleinsten und größten Wert (Kantenabfall + Streuung) nach dem fünften Druck ist z.B. links - 0,009 mm, rechts - 0,019 mm, links also nur halb so groß wie rechts. In der vorliegenden Form wäre demnach

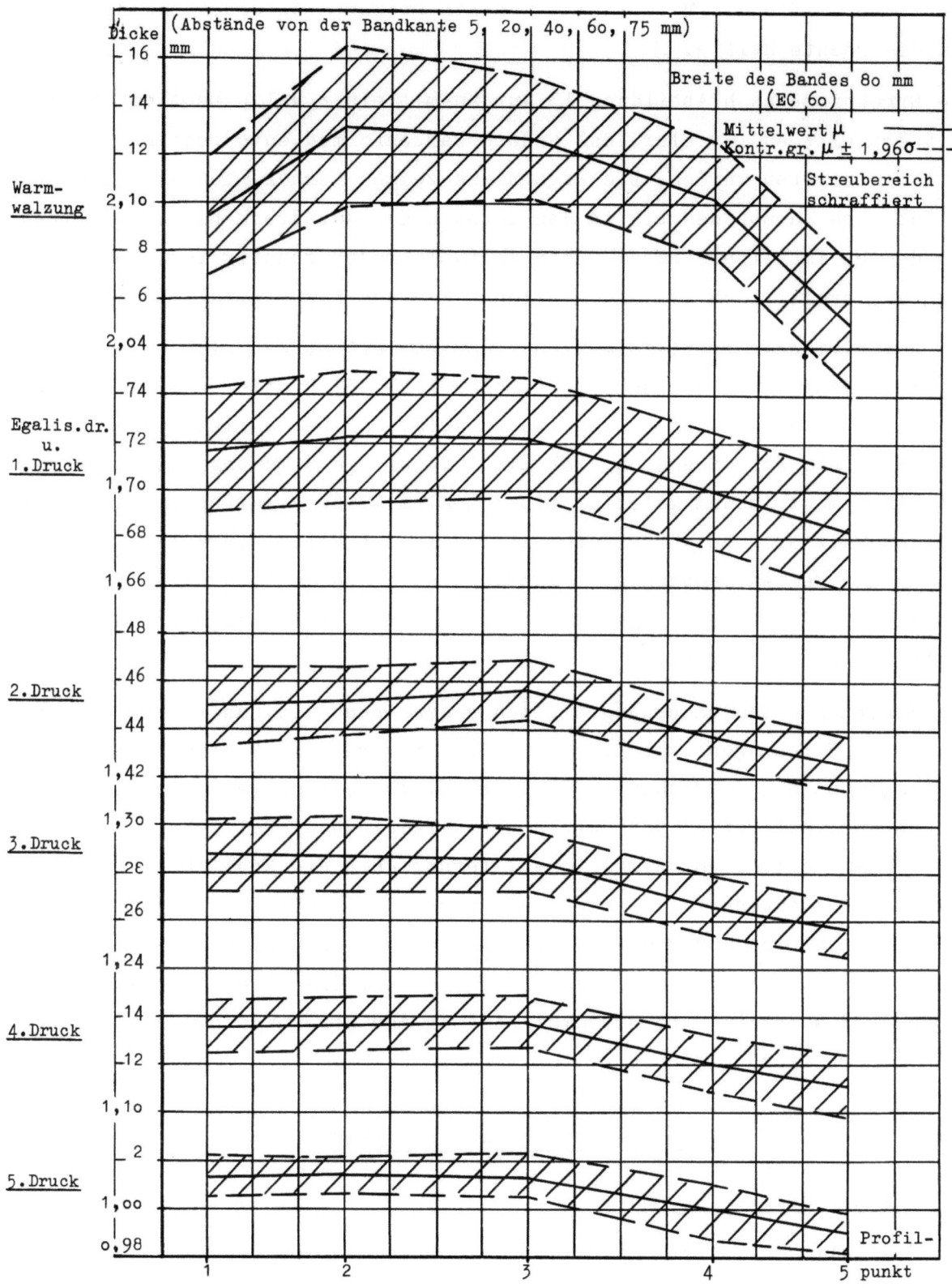

Abbildung 15

Banddicke für die Profilpunkte 1 - 5 nach Warmwalzung und nach verschiedenen Kaltwalz-Drucken

die linke Hälfte des Materials erheblich größeren Anforderungen gewachsen als die rechte Hälfte.

Die Ergebnisse nach Abbildung 15 wurden mit einer Walze bestimmter Balligkeit erzielt; es ist klar, daß andere Walzenformen entsprechende Modifikationen ergeben werden. Die Ergebnisse zeigen ferner, daß sich die Profilform des Warmbandes bis in den letzten Kaltwalzdruck hinein auswirkt und daß es im allgemeinen für den Kaltwalzprozeß günstig ist, wenn das Warmband symmetrisch ist und möglichst kleinen Kantenabfall besitzt.

Bei symmetrischer Profilform kann erwartet werden, daß sich an eine begradigte Mitte zwei Seitenteile (analog Abb. 15, Profilpunkt 3 - 5) anschließen. Doch scheint es möglich zu sein, daß bei symmetrischem Material auch die Walzenlagerung von Einfluß auf die Streuungsunterschiede ist. An symmetrischem Material mit schmalem Mittelstreifen und an einer anderen Walzmaschine wurde gelegentlich in der Mitte stärkere Streuung als an den Seiten beobachtet - wahrscheinlich bedingt dadurch, daß sich die Walze bei größerem Lagerspiel abwechselnd der linken oder rechten Seite des Bandes anpaßt.

Die Ergebnisse lassen es begreiflich erscheinen - da das Erscheinungsbild durch die Streuungen erheblich kompliziert wird -, daß bisher noch keine systematischen Untersuchungen über die Wirkungsweise verschiedener Walzenformen vorliegen, z.B. von Walzen mit verschiedener Balligkeit, mit verschiedenem Kaliber und dergleichen, ferner über die Möglichkeit, die Walzenform dem Kantenabfall einer Lieferung individuell anzupassen. Die statistische Untersuchungsmethode bietet nunmehr die Möglichkeit, alle die technologischen Probleme in Angriff zu nehmen, die bisher vernachlässigt wurden und über die ohne Berücksichtigung der Streuung notwendigerweise keine Klarheit zu gewinnen ist.

3. Walztechnik und Regelung

a) Übliches Walzverfahren

Bei dem üblichen Walzverfahren wird die Dicke des Bandes während des Walzens laufend überwacht. Dabei werden die Meßstellen ziemlich willkürlich über die Bandbreite verteilt; jedenfalls ist ein bestimmter Abstand der Meßstellen von der Bandkante nicht vorgeschrieben (nach den Werkstoffnormen nur ein Mindestabstand von 20 mm). Sobald der Meßwert von dem eingestellten Sollwert merkbar abweicht, wird die Walze, auch bei den ersten Drucken, nachgeregelt. Im Mittel dürften bei jedem Walzendruck 6 - 1o Regelungen üblich sein.

Dieses Verfahren berücksichtigt weder die signifikanten Profilunterschiede noch die natürliche Streuung des Prozesses und ist nach den vorliegenden Ergebnissen durchaus unzweckmäßig. Zur Erklärung sei zunächst angenommen (s. Abb. 16), daß der Walzer seine Messungen in vorgeschriebenen Abständen von der Kante durchführt. Der natürliche Streubereich des Prozesses betrage z.B. $\pm 1,96 \sigma = \pm 0,020$ mm. Punkt 1 in Abbildung 16a) sei der zuletzt gemessene Wert im Abstand von -o,o15 mm vom Sollwert. Obwohl Punkt 1 innerhalb des natürlichen Streubereichs liegt, regelt der Walzer nach Punkt 1 und verschiebt das gesamte Kollektiv um o,o15 mm nach rechts. Der nächste Meßwert im nicht-verschobenen Kollektiv 16a) wäre beispielsweise 2; dieser Meßwert liegt im verschobenen Kollektiv 16b) an der Stelle 2' und damit um o,o325 mm zu weit nach rechts. Folgerung: Es wird nunmehr, und zwar wieder um einen etwas zu großen Betrag, zurückgeregelt. Beide Regelungen waren überflüssig und falsch. Begründet wäre eine Regelung nur dann,

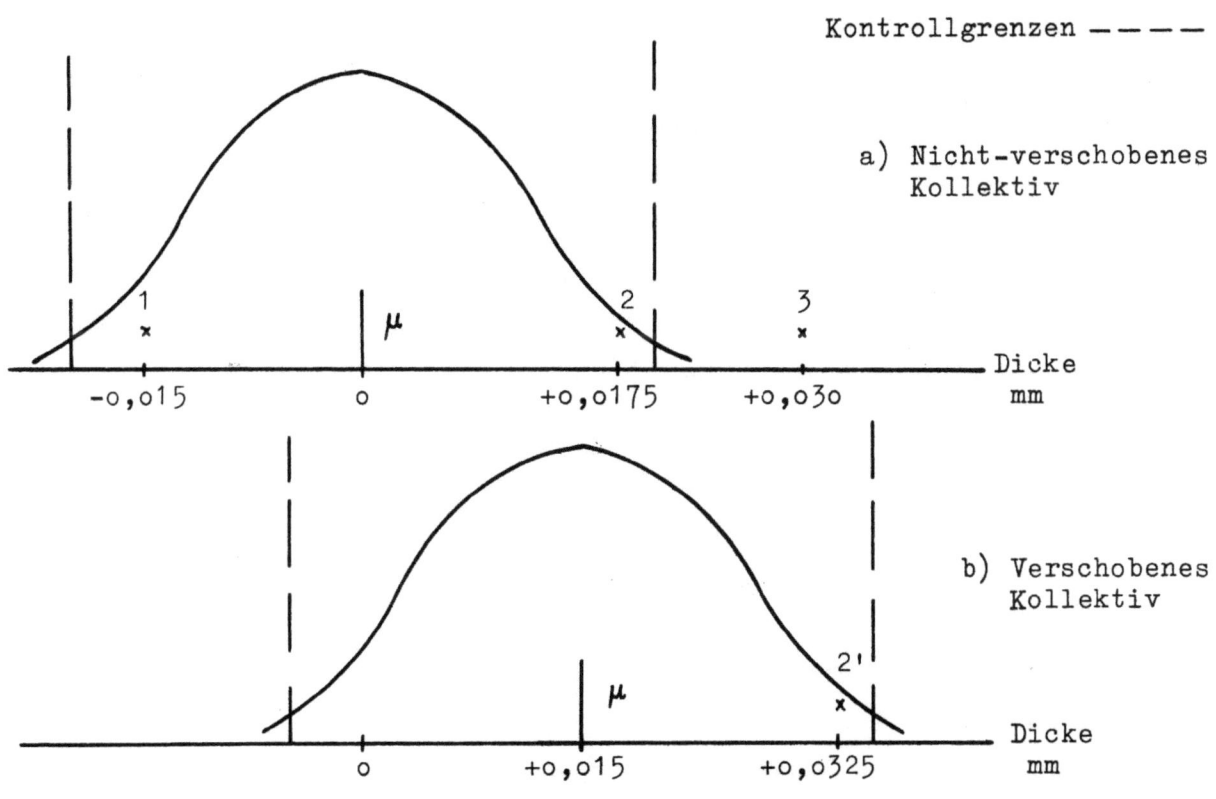

A b b i l d u n g 16
Häufigkeitsverteilung und Regelung

wenn ein Meßwert an der Stelle 3 außerhalb des natürlichen Streubereichs entnommen würde. Die Annahme, daß der Walzer seine Messungen in vorgeschriebenen Abständen von der Kante durchführt, ist nun praktisch meist garnicht erfüllt. Daher treten weitere Regelfehler auf, dadurch bedingt, daß Meßwerte aus verschiedenen, nebeneinander liegenden Kollektiven entnommen werden.

b) Statistisches Walzverfahren

Das beste Verfahren bestände darin, in bestimmten Abständen von der Kante Stichproben zu fünf Werten während des Walzens zu entnehmen und je nach Lage des Stichproben-Mittelwerts die Walzenstellung zu regeln. Diese Methode ist aber bei Walzprozessen undurchführbar. Bei einer Walzgeschwindigkeit von rund 20 m/min dauert ein Banddurchlauf bei Banddicken $\geq$ 1 mm etwa 4 min. Selbst wenn die Streuung des Prozesses als bekannt vorausgesetzt wird, wäre die Stichprobenentnahme, Einzeichnung der Werte in einer Kontrollkarte zu langwierig und erforderte erheblichen personellen Aufwand.

Man muß daher Verfahren wählen, die ohne jede Schreib- und Rechenarbeit auskommen und auch dem Walzer an der Maschine verständlich sind (s. IV.B, insbesondere IV.B.3). Das einfachste, wenn auch nicht immer beste Verfahren ist die Verwendung von Stichproben mit Einzelwerten. Um die Prüfschärfe zu erhöhen, werden die Kontrollgrenzen nicht im Abstand von $\pm$ 2,58 σ (Statistische Sicherheit von 99 %), sondern im Abstand von $\pm$ 1,96 $\sigma \approx 2\sigma$ (Statistische Sicherheit von 95 %) angeordnet. Man muß hierbei in Kauf nehmen, daß die Zahl der Fehlregelungen zunimmt, d.h. daß einmal unter 20 Fällen unnötigerweise und falsch geregelt wird. (Entsprechend dieser Festsetzung hat der Streubereich in Abbildung 15 eine Breite von 2·1,96·σ.)

Grundsatz des statistischen Walzverfahrens mit Einzelwerten ist, die Walze nur dann zu regeln, wenn die natürlichen Streugrenzen (Kontrollgrenzen für Einzelwerte entsprechend $\mu \pm 1,96\sigma$) durch einzelne Meßwerte überschritten werden. Zur Anwendung des Walzverfahrens wird für jedes Material und für jeden Druck der natürliche Streubereich festgestellt; dazu läßt man jeweils einen Bandring nach Einstellung des Sollwerts ohne Regelung durch die Walzmaschine laufen. In bestimmten Abständen von 1 - 3 m wird die Dicke in der Mitte des Bandes gemessen und aufgezeichnet. Meßwerte an den Enden des Bandes mit starker Ab- oder Zunahme der Dicke dürfen hierbei nicht berücksichtigt werden. Der natürliche Streubereich wird gekennzeichnet [4] durch a) den Ausdruck 2 · 1,96 · R/3,078 = 1,27 · R, wobei R die Spannweite, d.h. die Differenz zwischen größtem und kleinstem Wert für eine Zahl von etwa 10 Meßwerten bedeutet, b) den Ausdruck 2 · 1,96 · R_1/3,231 = 1,21 · R_1, wobei R_1 die Quasi-Spannweite, d.h. die Differenz zwischen zweitgrößtem und zweitkleinstem Wert für eine Zahl von etwa 30 Meßwerten bedeutet.

Es dürfte in der Praxis nicht notwendig sein, den Streubereich jeder Lieferung neu zu bestimmen, sobald erst einmal Erfahrungswerte für die verschiedenen Materialien vorliegen. Der natürliche Streubereich 1,27 · R bzw. 1,21 · R_1 wird symmetrisch um den Sollwert festgelegt; dieser Sollwert seinerseits muß im letzten Druck so festgesetzt werden, daß die Streugrenzen in genügendem Abstand von den Toleranzgrenzen verlaufen. Bei der Einrichtung des Bandes wird die Walze so eingeregelt, daß die Meßwerte annähernd auf den Sollwert fallen; weitere Nachregelungen der Walze werden nur dann vorgenommen, wenn die Meßwerte den Streubereich: Sollwert $\pm$ 0,64 · R bzw. $\pm$ 0,61 · R_1 überschreiten. Wenn alle Ringe einer Lieferung in der beschriebenen Weise behandelt werden, d.h. wenn alle Einzelwerte der Ringe in den gleichen vorgeschriebenen Streugrenzen gehalten werden, so ist die Lieferung homogen, und das angeschlossene Prüfverfahren kann wesentlich vereinfacht werden (s. Abschnitt 4).

Wenn das statistische Walzverfahren bei jedem Druck angewandt wird, ist die gesamte Walzung optimal. Es ist jedoch möglich und hat bereits erhebliche Vorteile gegenüber dem üblichen Walzverfahren, wenn man das statistische Walzverfahren nur auf den letzten Druck beschränkt. Dieser letzte Druck ist nämlich entscheidend dafür, ob alle Ringe auf dem angestrebten End-Sollwert und innerhalb der gleichen End-Streugrenzen gehalten werden, d.h. dafür, ob die Lieferung homogen ist - ganz gleich, wie gut oder wie schlecht das Walzverfahren in den vorhergehenden Drucken und wie groß die Streuung innerhalb der einzelnen Ringe ist. Bei sehr scharfen Toleranzbedingungen wird auch die optimale Behandlung der Vordrucke wichtig sein.

Das oben beschriebene Verfahren ist auch bei höheren Walzgeschwindigkeiten mit automatischer Dickenmessung anwendbar. Bei geringen Walzgeschwindigkeiten von etwa 20 m/min wird die Bandstahldicke während des Walzens durch den Walzer gemessen. Bei höheren Walzgeschwindigkeiten, bei denen eine

---

4. Ausnahmen siehe Abschnitt 1a) und Math. Erläuterungen

Messung von Hand nicht möglich ist, geht man häufig dazu über, die Banddicke durch Dickenmeßgeräte kontinuierlich zu kontrollieren. Bei solchen Dickenmeßgeräten kann der jeweilige Streubereich der Einzelwerte durch einfache Hilfsmittel z.B. durch aufgesteckte Blechstreifen, zwischen denen der Zeiger des Anzeigeinstruments frei spielen kann, leicht eingegrenzt werden. Eine Walzenregelung durch den Walzer sollte hierbei nur dann erfolgen, wenn der Zeiger des Anzeigeinstruments die markierten Kontrollgrenzen für Einzelwerte überschreitet.

c) Ergebnisse

In den Abbildungen 17 bis 19 sind die Mittelwerte von Ringen verschiedener Lieferungen mit den zugehörigen Kontrollgrenzen (n = 1o) für das bisher übliche und für das statistische Walzverfahren dargestellt. Diese Mittelwerte beziehen sich auf je 1o Meßwerte, die bei der Endkontrolle über die Bandlänge verteilt aus dem Mittelkollektiv entnommen wurden. Man erkennt, daß nach dem üblichen Walzverfahren stets ein großer Prozentsatz aller Ringe außer Kontrolle ist, und zwar nach Abbildung 17a, 18, 19 - 4o %, 48 %, 3o %. Für das statistische Walzverfahren werden dagegen nach Abbildung 17b, 18, 19 nur noch 12 %, 4 %, 12 % außer Kontrolle gefunden. Hierbei ist noch zu berücksichtigen, daß die Überschreitungen im letzten Falle, beurteilt nach dem Abstand von den Kontrollgrenzen, geringfügig sind gegenüber den starken Abweichungen im ersten Falle.

Abbildung 17 zeigt unter anderem, daß der natürliche Streubereich nach dem statistischen Walzverfahren dem angestrebten Sollbereich genau angepaßt werden konnte, während dies nach dem üblichen Walzverfahren nicht möglich war. Das statistische Walzverfahren nach den Abbildungen 18 und 19 wurde nur im letzten Druck durchgeführt. Gemäß Abbildung 18 konnte der normale oder natürliche Streubereich nach dem statistischen Walzverfahren auf einen Bruchteil des anormalen Streubereichs nach dem üblichen Walzverfahren begrenzt werden, d.h. der Gütefaktor des Materials konnte um das 2,6-fache verbessert werden. Das Material nach Abbildung 19 gab bisher zu Reklamationen Anlaß: Zwei Mittelwerte liegen nach Abbildung 19 - Darstellung links - nicht nur außerhalb der Kontroll-, sondern sogar außerhalb der Toleranzgrenzen. Dagegen liegen alle Mittelwerte nach dem statistischen Walzverfahren - Abbildung 19, Darstellung rechts - unterhalb des Grenzwerts von 1,69 mm, genügen daher den Bedingungen.

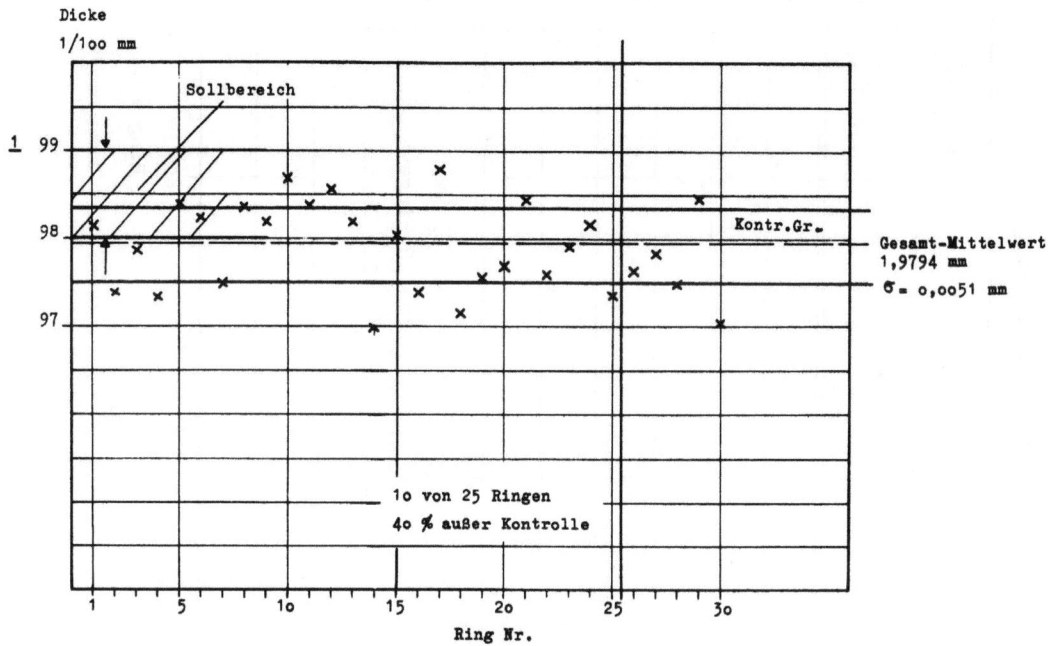

Abbildung 17a

Übliches Walzverfahren

KSS Spez.-Kettenbandstahl, 40x2,00 mm -0,06 mm Toleranz, 60-65 kg/mm² Fest.

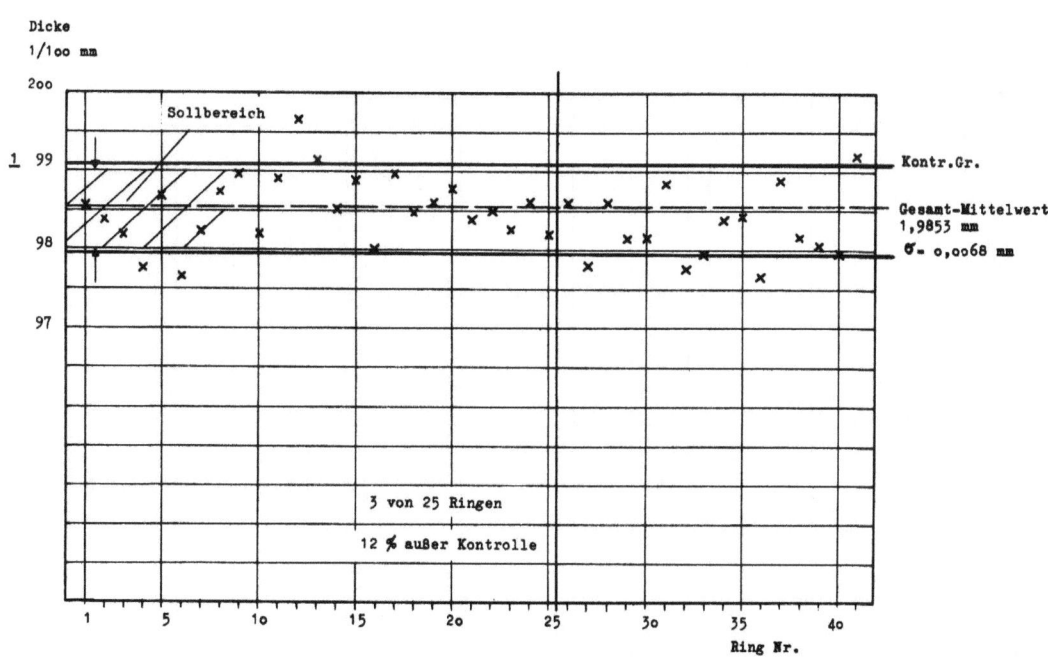

Abbildung 17b

Statistisches Walzverfahren

KSS Spez.-Kettenbandstahl, 40x2,00 mm -0,06 mm Toleranz, 60-65 kg/mm² Fest.

Forschungsberichte des Wirtschafts- und Verkehrsministeriums Nordrhein-Westfalen

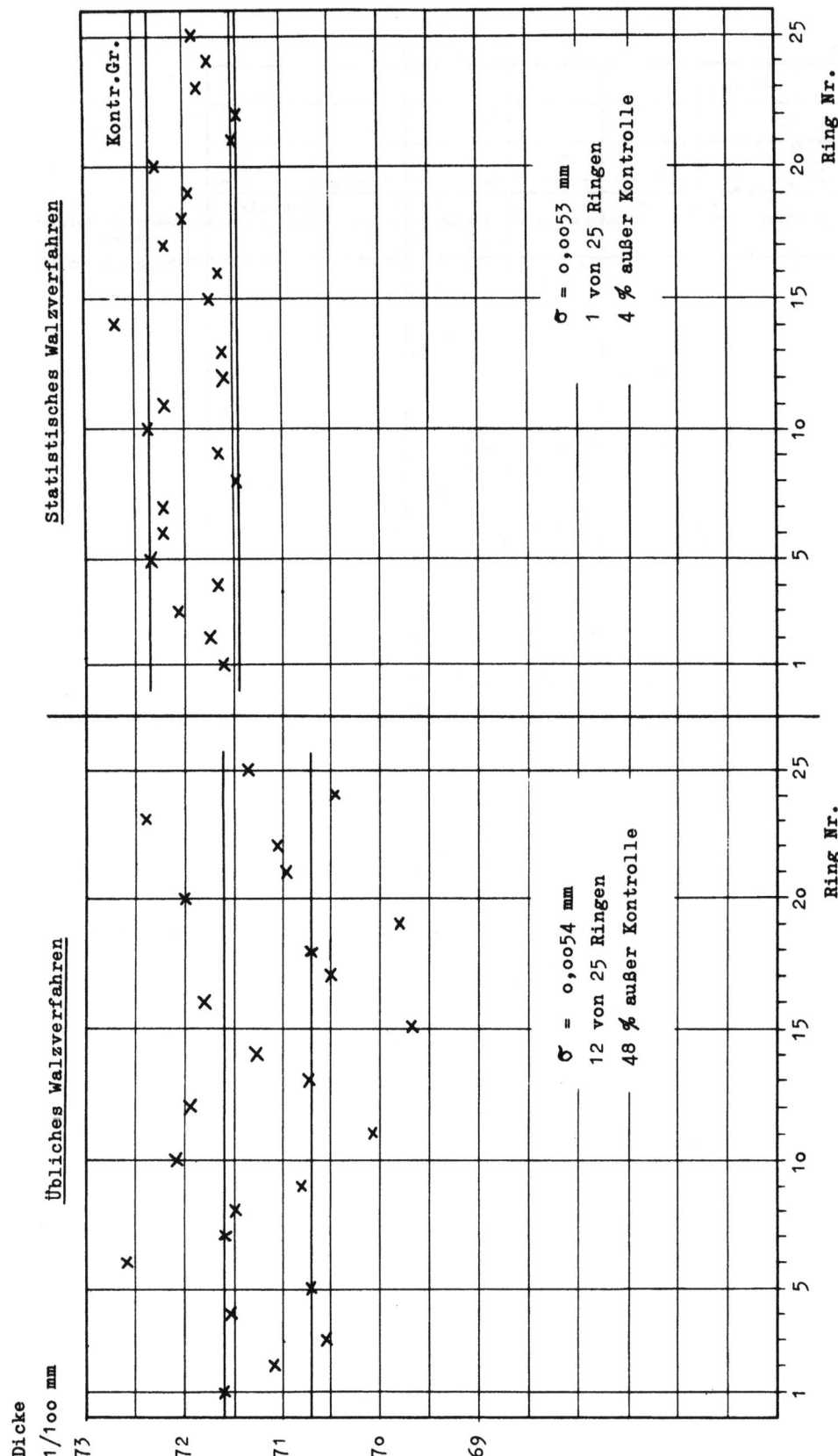

Abbildung 18

MSS/CV-Bleistiftspitzmesser-Bandstahl, 27 x 0,70 mm ± 0,03 mm Toleranz, 75 kg/mm² Fest.

Forschungsberichte des Wirtschafts- und Verkehrsministeriums Nordrhein-Westfalen

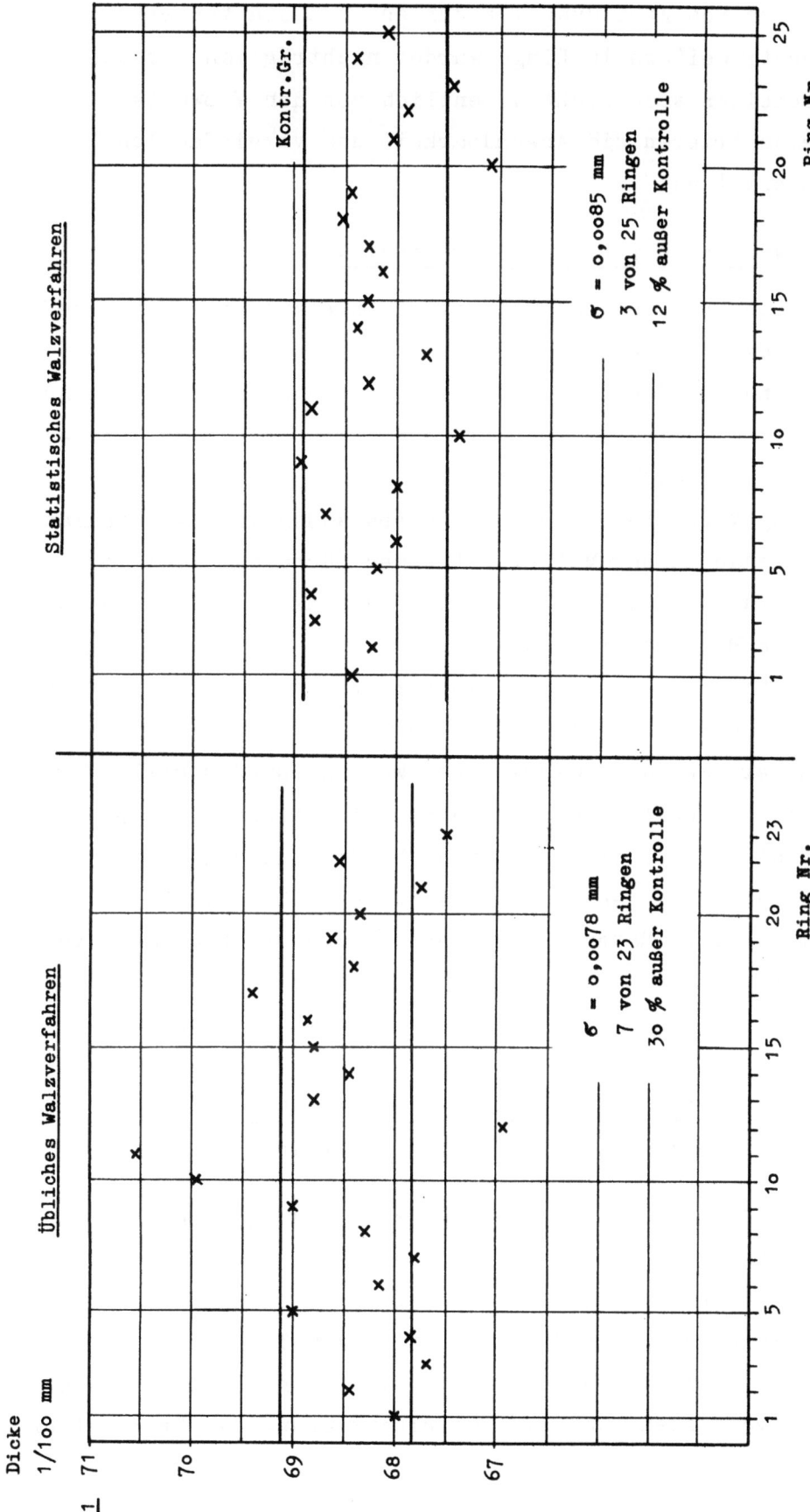

Abbildung 19

SFS 75-halbharter Federbandstahl, 82 x 1,70 mm -0,06 mm Toleranz, 70-85 kg/mm² Fest.

Die Kontrollgrenzen von Abbildung 17b wurden nach den Meßwerten der ersten 25 Ringe berechnet; weitere 16 Ringe wurden nachträglich gemessen. Ihre Meßwerte unterscheiden sich nicht wesentlich von den Meßwerten der ersten 25 Ringe und demonstrieren die Anwendbarkeit des vereinfachten Prüfverfahrens (s. Abschnitt 4).

d) Praktische Anweisungen für das Walzverfahren

Die Ergebnisse seien hier stichwortartig zu Anweisungen zusammengefaßt.

1) So wenig wie möglich regeln.
2) Nur nach den Angaben des statistischen Walzplans regeln, z.B. nur dann regeln, wenn Einzelwerte den natürlichen Streubereich des Prozesses - Sollwert $\pm 1,96 \sigma \approx 2\sigma$ - überschreiten.
3) Zwecks Regelung Meßwerte in bestimmten Abständen von der Bandkante, vorzugsweise genau in der Mitte, entnehmen (Genauigkeit 1 mm).
4) In besonderen Fällen zur Festlegung des Meßpunktes Schablone und zur Messung Spitzen-Mikrometer benutzen.
5) Das statistische Walzverfahren führt bereits zu erheblichen Verbesserungen, wenn es nur im letzten Druck angewandt wird.
6) Messungen an der Bandkante während des Walzens sind überflüssig. Der Walzer kann durch Regelung der Walze nur die Streuung der Bänder und die Homogenität der Lieferung, aber nicht den Kantenabfall beeinflussen.
7) Ob bestimmte Anforderungen eingehalten werden können, hängt vom Kantenabfall, bedingt durch Material, Walzenform und Druckzahl, und von der Streuung, bedingt durch Material, Druckzahl und Regelung, ab. Hiernach kann gegebenenfalls die Zahl der Drucke bestimmt werden.

4. Statistisches Prüfverfahren im Anschluß an das statistische Walzverfahren

Ein allgemein für Bandstähle anwendbares Prüf- und Annahmeverfahren wurde in Abschnitt I.2) behandelt; dieses Prüf- und Annahmeverfahren kann angewandt werden, unabhängig davon, ob der Walzprozeß in Kontrolle gehalten war oder nicht. Im Anschluß an das statistische Walzverfahren ist es zweckmäßig, das statistische Prüfverfahren mit einer Kontrollkarte zwecks Überwachung des Regelverfahrens und zwecks Vereinfachung des Prüfverfahrens zu verbinden.

Hierzu wird - entsprechend dem Stichprobenplan I.2 c) - der arithmetische

Mittelwert $\bar{x}$ der 10 Mittenwerte sowie die Spannweite R als Differenz zwischen dem größten und kleinsten Wert der 10 Mittenwerte bestimmt. Anschließend wird für 25 Ringe einer Lieferung der Gesamt-Mittelwert $\bar{\bar{x}}$ aller einzelnen Mittelwerte $\bar{x}$ sowie der Mittelwert $\bar{R}$ aller einzelnen Spannweiten R gebildet. Man errechnet den Wert $0{,}27 \cdot \bar{R}$ und zeichnet in einem Zeichenblatt Kontrollgrenzen im Abstand von ($\pm 0{,}27 \cdot \bar{R}$) vom Gesamt-Mittelwert $\bar{\bar{x}}$ ein; ebenso werden in das Zeichenblatt alle Mittelwerte $\bar{x}$ der 25 Ringe fortlaufend eingezeichnet.

Wenn alle Mittelwerte der einzelnen Ringe innerhalb der berechneten Kontrollgrenzen liegen, so ist die Lieferung homogen, und das Walzverfahren, zumindest für den letzten Druck, ist optimal, d.h. für die gegebene Streuung des Prozesses kann ein besseres Ergebnis nicht erzielt werden. Wenn dagegen mehrere Mittelwerte in erheblichem Abstande außerhalb der Kontrollgrenzen liegen, so ist die Lieferung nicht homogen, und das Walzverfahren kann und sollte verbessert werden.

Im ersten Falle - Mittelwerte im allgemeinen innerhalb der Kontrollgrenzen - kann das Prüfverfahren in folgender Weise sehr vereinfacht werden: Aus Lieferungen, die mehr als 25 Ringe enthalten, werden zunächst nur 25 Ringe zur Prüfung ausgewählt, etwa derart, daß jeder 2., 3. oder 4. Ring aus der Lieferung herausgenommen wird. Ergibt die Prüfung der 25 Ringe, daß alle Mittelwerte in Kontrolle sind, so kann angenommen werden, daß der Walzprozeß einheitlich verlaufen ist und die Lieferung von mehr als 25 Ringen eine einheitliche Sammel-Lieferung (Groß-Los) darstellt; die Prüfung weiterer Ringe ist in diesem Falle überflüssig. Ergibt die Prüfung der 25 Ringe, daß ein Großteil der Ringe - etwa ein Drittel oder die Hälfte - die Kontrollgrenzen überschreitet, so muß die gesamte Lieferung Ring für Ring durchgeprüft werden. Ergibt ferner die Prüfung der 25 Ringe, daß mehrere Mittelwerte die Kontrollgrenzen erheblich überschreiten, so werden weitere 25 Ringe nach dem gleichen Verfahren geprüft. Werden auch in diesem Falle mehrere Mittelwerte mit erheblichen Überschreitungen der Kontrollgrenzen festgestellt, so muß die gesamte Lieferung durchgeprüft werden; anderenfalls ist die Prüfung weiterer Ringe überflüssig.

Die Anlage einer Kontrollkarte hat außer den angegebenen Vorteilen: Überwachung des Regelverfahrens und des Walzprozesses, Vereinfachung des Prüfverfahrens noch folgende weitere Vorteile:
a) Kontrolle der Arbeitsgüte. Wenn alle Prüfwerte innerhalb der Kontroll-

grenzen liegen, so ist seitens der Bedienung optimale Güte erzielt worden. Es sei erwähnt, daß es im Ausland bereits vielfach üblich ist, nicht nur die Quantität, sondern auch die Qualität geleisteter Arbeit an Hand solcher Kontrollkarten zu bewerten.

b) Die Aufzeichnung der Prüfwerte in ein Schema und die Aushändigung dieses Schemas an den Abnehmer reduziert etwaige Reklamationen auf ein Mindestmaß; sie würde ferner jede weitere Prüfung seitens der Abnehmer ersparen.

In einem Stahlwerk wurde überschlagsmäßig festgestellt, daß nach dem vereinfachten Prüfverfahren und unter Berücksichtigung der verschiedenen Größe der Lieferungen die Prüfung im Durchschnitt über alle Lieferungen auf 50 % der Ringe beschränkt werden kann, d.h., daß sich die Prüfkosten von Bandstahl nach der statistischen Methode klein halten lassen.

Im Rahmen des angegebenen Walz- und Prüfverfahrens kommt der Fertigwalzung ein viel größeres Gewicht zu als nach dem üblichen Walzverfahren. Von der Arbeitsgüte des Fertigwalzers hängt es ab, erstens ob der Walzprozeß im letzten Druck optimal verläuft, d.h. wirklich die Präzision erreicht, die nach den natürlichen Gegebenheiten erreicht werden kann, zweitens ob die Lieferung homogen ist und drittens ob erhebliche Prüfkosten eingespart werden können. Die dauernde Überwachung und richtige Regelung des Walzprozesses während des letzten Druckes soll in diesem Sinne bereits ein Prüfverfahren und eine Kontrolle des Fertigfabrikats darstellen. Die Vorwalzung hat Einfluß auf die Streuung innerhalb der Ringe sowie auf die Qualität der Bandenden und den damit verbundenen Ausschuß an Bandstahl.

Die Abbildungen 17 bis 19 zeigen die großen technischen und wirtschaftlichen Vorteile des statistischen Walz- und Prüfverfahrens, sowohl für die Qualitätsverbesserung des Materials als auch für die Vereinfachung der Kontrolle und die Ersparnis an Prüfkosten.

Anhang: Mathematische Erläuterungen

Zu 1 a:

Bei der rechnerischen Behandlung von Bändern mit Anwachsen der Werte kommt es nicht darauf an, die Form der Wachstumskurve, also die systematische Komponente zu bestimmen. Praktisch wichtig ist allein die Berechnung der Zufallskomponente. Denn hiernach, nach dem natürlichen Streubereich, richtet sich die Regelvorschrift.

Die Eliminierung der Zufallsschwankung aus den Meßwerten wird nach der Differenzenmethode von ANDERSON (Variate-difference Method) durchgeführt[5]. Man bestimmt hierzu die Differenzen (Δ^1) der in ihrer natürlichen Reihenfolge aufgezeichneten Meßwerte sowie die Differenzen dieser Differenzen (Δ^2) und so fort, ferner die Quadrate aller Differenzen. Die Differenzbildung wird solange fortgesetzt, bis der Ausdruck

$$(14) \qquad A_r = \frac{S_r}{(n-r) \cdot \binom{2r}{r}}$$

einen angenähert konstanten Wert erreicht; dieser Wert gilt als Schätzwert der Zufallsstreuung. In (14) bedeuten

n – Zahl der Meßwerte

r – Ordnung der Differenzen bzw. Index von Δ^r

$S_r = \sum (\Delta^r)^2$ – Summe aller zugehörigen Differenzenquadrate

Ob ein Ausdruck A_r bereits als konstant angesehen werden darf, wird danach beurteilt, ob die Differenz zweier aufeinander folgender Werte A_r und A_{r+1} den Bereich der Streuung, definiert durch

$$(15) \qquad v = \frac{(3r+1) \cdot \sqrt{2\pi r}}{2 \cdot (2r+1)^3 \cdot (n-r-1)} \cdot \left\{ \frac{S_r}{(n-r) \cdot \binom{2r}{r}} \right\}^2$$

nicht überschreitet. Im vorliegenden Falle ist der Ausdruck A_5 für r = 5 angenähert konstant und entspricht der Streuung der Zufallskomponente. Man kann ferner schließen, daß die systematische Komponente durch einen Polynomialausdruck vierten Grades dargestellt wird.

Zu 2 und 3:

Zur Berechnung der Kontrollgrenzen benötigt man einen Schätzwert der Standardabweichung. Die Standardabweichung σ wird für Stichproben bis etwa n = 15 aus der Spannweite nach der Formel berechnet

$$(16) \qquad \sigma = \frac{\bar{R}}{d_2} = \frac{\bar{R}}{\mathscr{E}(R)},$$

wobei $\bar{R}$ den Mittelwert aller Spannweiten von m Stichproben zu n und $d_2 = \mathscr{E}(R)$ den Erwartungswert der normierten Spannweite – für $\sigma = 1$ – bedeuten.

---

5. s. O. ANDERSON, Probleme der stat. Methodenlehre in den Sozialwissenschaften, Würzburg 1954, S. 229; M.G. KENDALL, The Advanced Theory of Stat., Vol.II, London 1951, S. 387

Bei Stichproben mit Werten von n > 15, wie sie gelegentlich bei der Messung von Bandstahl anfallen, macht man von der sogenannten Quasi-Spannweite, vorzugsweise von der 1. Quasi-Spannweite Gebrauch. Die r-te bzw. 1. Quasi-Spannweite ist definiert durch

(17) $\qquad R_r = x_{n-r} - x_{r+1} \quad \text{bzw.} \quad R_1 = x_{n-1} - x_2$.

Die 1. Quasi-Spannweite stellt demnach die Spannweite einer Stichprobe nach Beseitigung des kleinsten und größten Einzelwertes dar; sie wird zweckmäßig für Stichprobenumfänge von n = 15 bis 30 angewandt. Mit $\bar{R}_1$ errechnet sich σ zu

(18) $\qquad\qquad \sigma = \dfrac{\bar{R}_1}{\mathcal{E}(R_1)}$

Werte von $\mathcal{E}(R_1)$ für n = 15 bis 30 sind in Tabelle 2 angegeben [6].

Tabelle 2

n	$\mathcal{E}(R_1)$	n	$\mathcal{E}(R_1)$	n	$\mathcal{E}(R_1)$
15	2,496	20	2,815	25	3,049
16	2,570	21	2,867	26	3,089
17	2,638	22	2,916	27	3,127
18	2,701	23	2,963	28	3,163
19	2,760	24	3,007	29	3,198
				30	3,231

III. Statistische Untersuchungen von Schleifverfahren

Die in der Kettenfabrikation verwendeten Kettenstifte werden vor der Montage in einer Schleifmaschine geschliffen. Die Anforderungen, die nach dem Schliff an die Maßhaltigkeit der Stifte gestellt werden, sind, wie überhaupt in der Kettenfabrikation, verhältnismäßig hoch; es wird verlangt, daß der vorgeschriebene Sollwert von einigen mm Dicke bis auf 1 oder 2 hundertstel-mm eingehalten wird.

---

6. Nach J.H. CADWELL, The distribution of quasi-ranges in samples from a normal population, Annals of Math. Stat., 24 (1953), S. 603

Es war zu prüfen, ob und wieweit diese Bedingung erfüllt werden kann. Da völlige Unklarheit darüber bestand, wieweit die Vorschubgeschwindigkeit der Schleifmaschine erhöht werden könne, sollte ferner die günstigste Maschineneinstellung bestimmt und ein Prüf- und Kontrollverfahren ausgearbeitet werden.

1. Häufigkeitsverteilung von Kettenstiften vor und nach dem Schleifverfahren

In Abbildung 2o sind die Häufigkeitsverteilungen der Dicke von Kettenstiften vor und nach dem Schleifverfahren dargestellt. An jedem Kettenstift wurden 6 Meßpunkte festgelegt, in der Mitte und an beiden Enden vor und nach $90°$-Drehung des Stiftes um seine Längsachse. Diesen 6 Meßpunkten entsprechen die 6 Häufigkeitsverteilungen der Abbildung 2o von oben nach unten: Linkes Ende $0° - 90°$, Mitte $0° - 90°$, rechtes Ende $0° - 90°$. Jede Häufigkeitsverteilung umfaßt 1oo Meßwerte.

Abbildung 2o zeigt zunächst, daß sich die 6 Häufigkeitsverteilungen für geschliffene Stifte einerseits, für ungeschliffene Stifte andererseits nicht wesentlich unterscheiden. Durch das Schleifverfahren wird ferner erreicht, daß die Standardabweichung durchschnittlich auf den 2,3-ten Teil abnimmt. Sie beträgt nach dem Schleifen für Winkelstellung $5,5°$ o,0034 mm; das entspricht einer Gesamt-Streubreite von $2 \cdot 2,58 \cdot 0,0034$ = o,00175 mm. Mithin kann bei der untersuchten Schleifmaschine eine Toleranzweite von 18/1ooo mm eingehalten werden. Das der Abbildung 2o zugrunde liegende Abnahmemaß von 2/1oo mm (Mittelwertverschiebung ungeschliffen - geschliffen) stellt ungefähr die untere mögliche Grenze dar. Bei einem Abnahmemaß von nur 1/1oo mm würde der linke Teil der Häufigkeitsverteilung (ungeschliffen) praktisch unbeeinflußt bleiben, d.h. die Stifte würden stellenweise nicht blank geschliffen.

Ein Vergleich der Häufigkeitsverteilungen führt zu einem einfachen Meßverfahren. Während bei der bisherigen Prüfung mittels Mikrometer und Lehre Stifte an allen möglichen Stellen mit und ohne Drehung geprüft wurden, genügt bei Stichprobenprüfungen die Messung einer beliebigen, zufallsmäßig bestimmten Stelle an einem der beiden Stiftenden. Man erfaßt hierbei gemäß Abbildung 2o den Fall der etwas größeren Streuung; Messungen in der Mitte erübrigen sich daher.

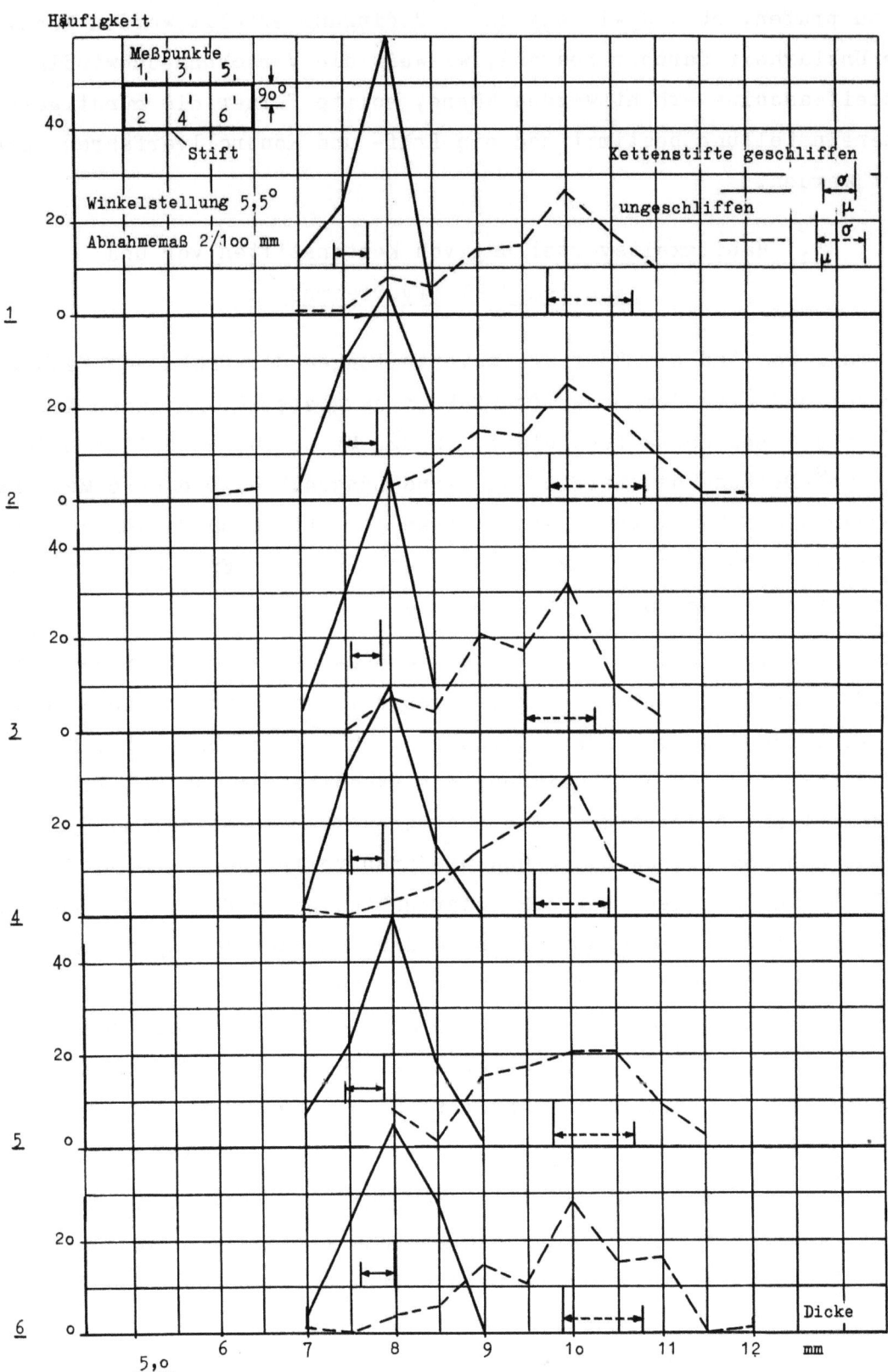

Abbildung 20

Häufigkeitsverteilung der Dicke für die Meßpunkte 1 - 6

Forsohungsberichte des Wirtschafts- und Verkehrsministeriums Nordrhein-Westfalen

2. Maschineneinstellung

Die untersuchte Schleifmaschine besitzt eine rotierende Schleifscheibe (Stein), an die die Stifte durch eine ebenfalls rotierende Gummirolle angedrückt werden. Je nach Winkelstellung der Rollenachse ändert sich die Vorschubgeschwindigkeit der durch die Maschine laufenden Stifte, damit auch die Produktion; das Schleifabnahmemaß wird durch den Rollendruck bestimmt. Zur Feststellung der günstigsten Maschinenwerte wurden für verschiedene Winkelstellungen und Abnahmemaße Stichproben von je 1o Stiften entnommen. Tabelle 3 zeigt die Standardabweichungen dieser Stichproben mit erheblichen Unterschieden in den Zeilen und Spalten der Tabelle. Nach früheren Untersuchungen war für die Winkelstellung ein Wert von 4,5° als optimal festgelegt worden; eine unkritische Auswertung von Tabelle 3 würde wahrscheinlich zu ähnlichen Fehlschlüssen führen. Nach der statistischen Methodik sind jedoch die Standardabweichungen zunächst auf Homogenität zu prüfen - bei einer Stichprobenzahl $m \geq 2o$ in einfachster Weise nach der Kontrollkartenmethode, bei einer Stichprobenzahl $m < 2o$ nach dem Bartlett-Testverfahren. Diese Prüfung ergibt echte Unterschiede des Streuungsmaßes vor allem für das kleinste Abnahmemaß von 1/1oo mm (umrandete Werte), verglichen mit größeren Abnahmemaßen, dagegen keine echten Unterschiede zwischen den Zeilen der Tabelle, etwa von Zeile 5 gegen Zeile 1-4.

Tabelle 3

Standardabweichung σ-1/1oo mm

Stichprobenumfang n	1o				1oo
Abnahmemaß 1/1oo mm	4	3	2	1	2
Winkelstellung					
3,5°	o,26	o,35	o,59	o,76	
4,o°	o,26	o,16	o,26	o,72	o,39
4,5°	o,26	o,16	o,24	o,7o	o,42
5,o°	o,26	o,21	o,28	o,49	o,41
5,5°	o,35	o,43	o,47	o,71	o,34

Für Spalte 3 mit dem besonders interessierenden Abnahmemaß von 2/1oo mm wurden hiernach größere Proben mit dem Umfang n = 1oo entnommen (Spalte 5),

Forschungsberichte des Wirtschafts- und Verkehrsministeriums Nordrhein-Westfalen

deren Auswertung diese Feststellungen bestätigt - keine wesentlichen Unterschiede innerhalb der Spalte (s. auch Abb. 21). Das sehr wichtige praktische Ergebnis ist, daß die Winkelstellung unbedenklich von 4,5° auf 5,5° erhöht werden kann; das bedeutet eine Vergrößerung der Vorschubgeschwindigkeit und Produktion um rund 50 %.

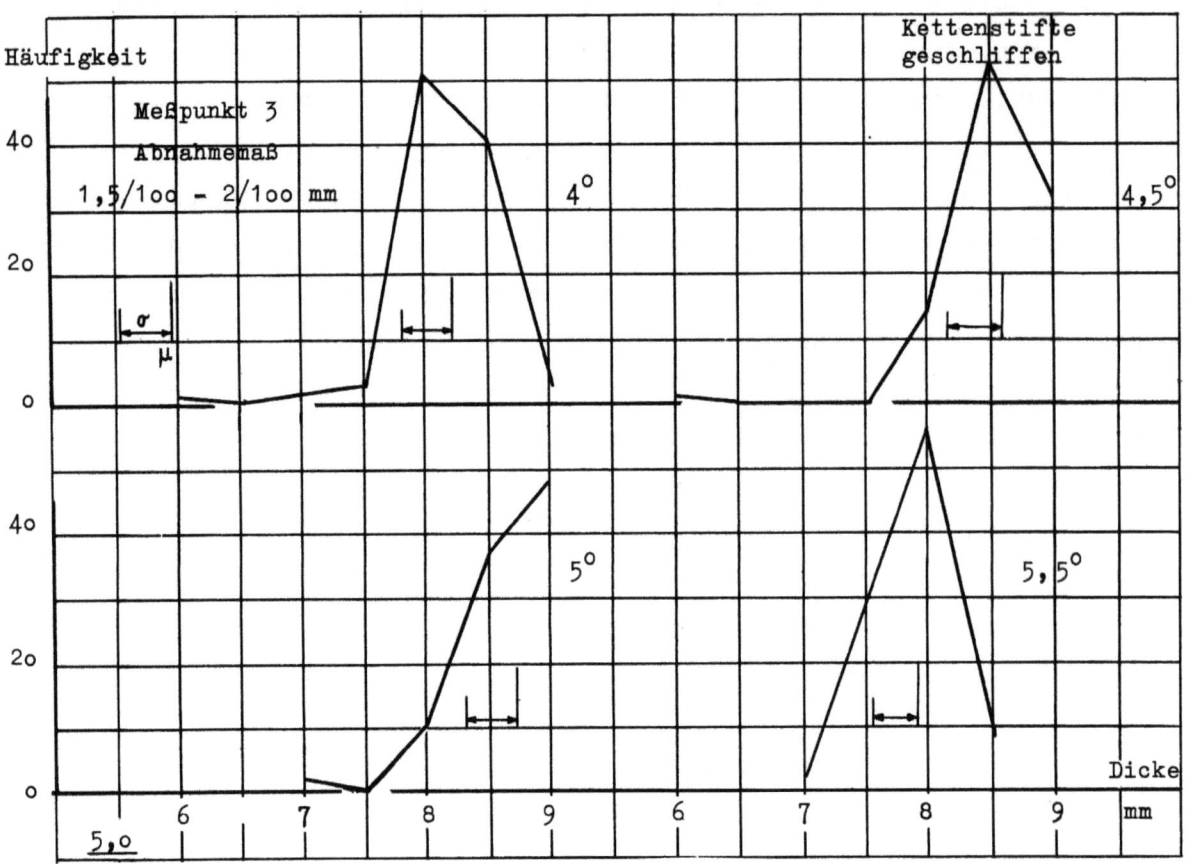

Abbildung 21
Häufigkeitsverteilung der Dicke für verschiedene
Winkelstellungen 4° - 5,5°

3. Stifteigenschaften

Von Interesse für die Kettenfabrikation sind weiter die feineren Dickenunterschiede längs und quer zur Stiftachse. Abbildung 20 läßt bereits schließen, daß diese Unterschiede nicht erheblich sein können. An 100 Stiften wurden die zugehörigen Dickendifferenzen quer zur Achse - 0° und 90° - für Enden und Mitte bestimmt; diese Differenzen sind in Abbildung 22 eingetragen. Hiernach ist die Unrundheit der Stifte in der Mitte etwas kleiner als an den Enden. Vergleicht man ferner die Differenzen an Enden und Mitte, wenn die größeren Werte der zwei Enden eines Stiftes jeweils in einer Spalte angeordnet werden, so ergeben sich statistisch gesicherte Unterschiede. Da diese Spaltenzuordnung jedoch nicht der natürlichen Ordnung der Stifte beim Durchlauf durch die Schleifmaschine entspricht, und da sich bei ungeschliffenen Stiften ein ähnliches Verhalten zeigt wie bei geschliffenen Stiften nach Abbildung 22, ist die verschiedene Unrundheit nicht auf das Schleifverfahren zurückzuführen; das Ergebnis legt eine Überprüfung des dem Schleifen vorhergehenden Prozesses, nämlich des Schneidens der Stifte, nahe.

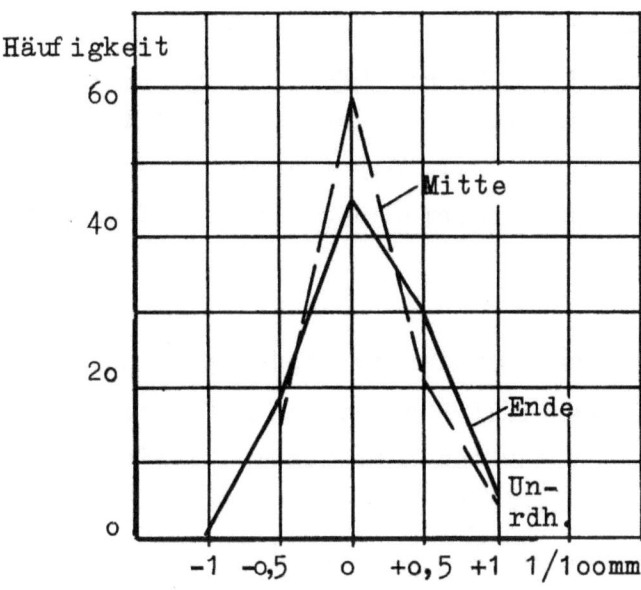

Unrundheit-Differenz zwischen zugehörigen Werte Mitte oder Ende bei 90° - Drehung des Stiftes

A b b i l d u n g 22
Häufigkeitsverteilung der Unrundheit

4. Steuerung der Schleifmaschine

Die Durchlaufgeschwindigkeit der Stifte durch die Schleifmaschine, die Abnutzung des Steins und die damit verbundene Zahl der Maschinenregelungen ist so groß, daß die Steuerung der Maschine nach einer Kontrollkarte praktisch unmöglich ist; bei einer Produktion von 7200 Stiften und einer Regelungszahl von etwa 6 je Stunde wären je Schicht 50 Stichproben zu

Forschungsberichte des Wirtschafts- und Verkehrsministeriums Nordrhein-Westfalen

entnehmen, zu verarbeiten und aufzuzeichnen. Folgende Steuerungsverfahren ohne Kontrollkarte haben sich demgegenüber als brauchbar erwiesen (s. IV.B).

a) Medianwertverschiebung

Berechnet man für die hier vorliegende Standardabweichung von 0,0034 mm die Kontrollgrenzen des Medianwertes einer Stichprobe zu n = 5, so erhält man: $\mu \pm$ 0,0049 mm. Das bedeutet aber bei einer Meßgenauigkeit von 0,005 mm, daß die Einzelwerte der Stichprobe entweder auf dem Sollwert, also innerhalb der Kontrollgrenzen, oder nicht auf dem Sollwert, also außerhalb der Kontrollgrenzen, liegen. Danach ergibt sich folgende einfache Regelungsvorschrift: Aus der laufenden Produktion werden fünf Stifte entnommen und die Dicken an einem Ende gemessen. Die Maschine wird dann und nur dann geregelt, wenn 3, 4 oder 5 Werte der Stichprobe entweder ober- oder unterhalb des Sollwertes liegen; und zwar wird der Rollendruck vergrößert oder verkleinert, je nachdem, ob die drei oder mehr Werte oberhalb oder unterhalb des Sollwertes liegen. Zur Dickenmessung wird ein Mikrometer verwendet.

b) Bildung von Iterationen

Eine Bildung von sieben aufeinander folgenden Werten ober- oder unterhalb des Soll-Mittelwertes läßt bekanntlich auf Verschiebung des Mittelwertes schließen. Aus der laufenden Produktion werden sieben Stifte entnommen und die Dicken an einem Ende mittels Lehre, die auf den Sollwert eingestellt ist, geprüft. Die Maschine wird dann und nur dann geregelt, wenn alle sieben Stifte entweder passen oder nicht passen; und zwar wird der Rollendruck vergrößert oder verkleinert, je nachdem, ob die sieben Stifte nicht passen oder passen.

Verfahren b) benötigt zwar zwei Meßwerte mehr als Verfahren a), besitzt aber den Vorteil der bequemen Lehrenprüfung. Die Messung und Prüfung nach a) und b) kann vorzeitig abgebrochen werden, sobald das Ergebnis eindeutig feststeht, z.B. wenn nach a) drei folgende Werte auf dem Sollwert oder oberhalb des Sollwerts liegen oder wenn nach b) je ein Wert paßt und nicht paßt usw.

Die angegebenen Verfahren a) und b) sind Steuerungsverfahren des Mittelwertes. Mit Verfahren a) läßt sich auch, falls die Prüfung nicht vorzeitig abgebrochen wird, die Spannweite kontrollieren. Wenn die Spannweite ein vorgegebenes Maß überschreitet, muß die Schleifscheibe abgezogen werden -

eine Maßnahme, die in Abständen von etwa einer bis zu mehreren Stunden notwendig ist. Verfahren b) wird zweckmäßig verwandt, wenn der mit der allgemeinen Überwachung der Maschine betraute Prüfer auch die Kontrolle der Schleifscheibe übernimmt.

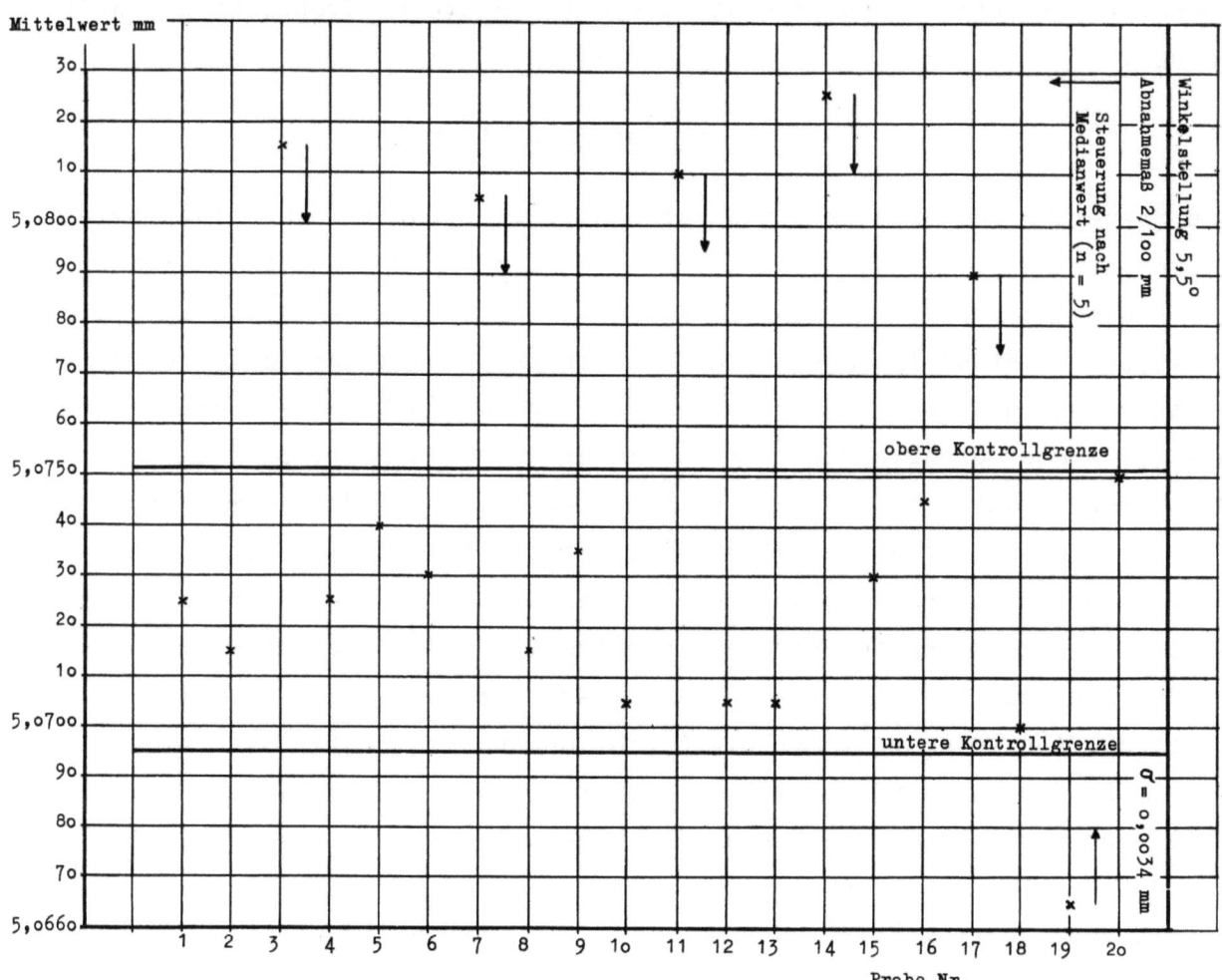

Abbildung 23
Kontrollkarte für Mittelwert (n = 1o) zur Prüfung
von Steuerungsverfahren

Abbildung 23 stellt einen nach Verfahren a) gesteuerten Prozeß dar. Aus der Produktion wurden in Abständen von rund 1o Minuten je 15 Stifte entnommen. Die ersten fünf Stifte wurden zur Steuerung nach a) benutzt, die übrigen zehn Stifte wurden gesammelt und nachträglich nach der Kontrollkartenmethode ausgewertet. Abbildung 23 ist die Mittelwertskarte von Stichproben zu n = 1o. Man erkennt, daß nach Verfahren a) alle Werte außer Kontrolle richtig erfaßt und zur Steuerung verwendet wurden. Das gleiche Ergebnis wäre erzielt worden, wenn man die ersten sieben Werte der Stichproben zu n = 1o nach Verfahren b) ausgewertet hätte. Diese Steuerung des Prozesses führt selbstverständlich zu besseren Ergebnissen und ist einfacher als die bisher übliche Steuerung, bei der mindestens ebensoviel Stifte an mehreren Stellen mittels zweier Grenzlehren geprüft wurden.

5. Prüfung der Produktion

Die Steuerung des Prozesses nach Abschnitt 4 bedeutet noch keine registrierbare Kontrolle der Produktion; sie wird daher zweckmäßig ergänzt durch eine Nachkontrolle mittels Ausschuß-Kontrollkarte (np-Karte). Hierzu wird etwa stündlich aus der aufgelaufenen und gut durchmischten Produktion von rund 7ooo Stück eine Stichprobe von 65 Stück entnommen und mittels zweier Grenzlehren (18/1ooo mm Abstand) geprüft. Sind in der Stichprobe nicht mehr als je drei Stück Ausschuß mit Überschreitung nach oben oder unten enthalten, so wird die Produktion von 7ooo Stück angenommen, andernfalls abgelehnt. Ablehnung an der oberen Grenze bedeutet Nacharbeit; der ganze Posten wird ein zweites Mal durch die Schleifmaschine hindurchgeschickt. Ablehnung an der unteren Grenze bedeutet wirklichen Ausschuß. Abbildung 24 zeigt die Operationscharakteristik des Stichprobenplans. Lieferposten mit 1o % Ausschuß an der oberen Grenze z.B. von 5,085 mm werden nur noch mit 1o % Wahrscheinlichkeit durchgelassen; das ist gleichbedeutend mit einem Ausschuß von nur o,4 % an der weitergesteckten Grenze von 5,o9 mm. Entsprechendes gilt für die untere Grenze. Die Steuerungs- und Kontrollverfahren haben sich in der Praxis gut bewährt.

Anhang: Mathematische Erläuterungen

Zu 2:

Bartlett-Testverfahren

Die in k Spalten entsprechend k Standardabweichungen und j = n Zeilen angeordneten Werte x_{jk} werden durch $x^*_{jk} = a \cdot x_{jk} - b$ mit passend gewählten Konstanten a und b ersetzt. Zur Prüfung ist zu bilden

$$(19) \quad \chi^2 = (j-1)\cdot \ln 1o \cdot \left\{ k \cdot \log\left[\frac{1}{k} \cdot \sum_1^j \sum_1^k (x^*_{jk}-s^*_k)^2\right] - \sum_1^k \log\left[\sum_1^j (x^*_{jk}-s^*_k)^2\right] \right\}$$

$$FG : n' = k-1 \qquad s^*_k = \frac{1}{j} \cdot \sum_1^j x^*_{jk}$$

Forschungsberichte des Wirtschafts- und Verkehrsministeriums Nordrhein-Westfalen

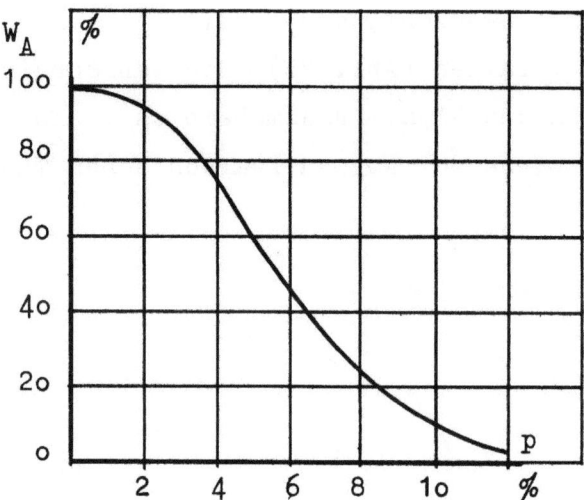

W_A = Annahmewahrscheinlichkeit
p = Ausschußprozentsatz

Abbildung 24
Operationscharakteristik; Stichprobenplan $n = 65$, $c = 3$

Zu 5:

Die Operationscharakteristik des Stichprobenplans für $c = 0 - 3$ wird nach der Binomial-Summenformel berechnet

$$(20) \quad \sum_{c=0}^{3} w = \sum_{c=0}^{3} \binom{n}{c} \cdot p^c \cdot q^{n-c} = q^n \cdot \left\{ 1 + n \cdot \frac{p}{q} + \frac{n \cdot (n-1)}{2} \cdot \left(\frac{p}{q}\right)^2 + \frac{n \cdot (n-1) \cdot (n-2)}{6} \cdot \left(\frac{p}{q}\right)^3 \right\}$$

die für großes n und kleines p übergeht in die Poissonsche Summenformel

$$(21) \quad \sum_{c=0}^{3} w = \sum_{c=0}^{3} \frac{e^{-np} \cdot (np)^c}{c!} = e^{-np} \cdot \left\{ 1 + np + \frac{(np)^2}{2} + \frac{(np)^3}{6} \right\}$$

IV. Kontrolle von Fabrikationsprozessen

A. Prüfschärfe von Kontrollkarten

1. Kontrollkarte und Testverfahren

Jede Kontrollkarte kann als fortlaufendes Testverfahren aufgefaßt werden. Hypothese H_0 ist die Annahme: $\mu = \mu_0$ bzw. $\sigma = \sigma_0$, Hypothese H_1 ist die Annahme: $\mu \neq \mu_0$ bzw. $\sigma \neq \sigma_0$. Im folgenden sei die Mittelwertsverschiebung betrachtet.

Wenn $\mu = \mu_0$ ist, so wird gewünscht, daß möglichst viele Stichprobenwerte in den Annahmebereich I fallen (Abb. 25). Die Wahrscheinlichkeit dafür, daß Stichprobenwerte in den Nicht-Annahmebereich II fallen, wird als Fehler erster Art (α) im Sinne der Neyman-Pearson'schen Theorie bezeichnet.

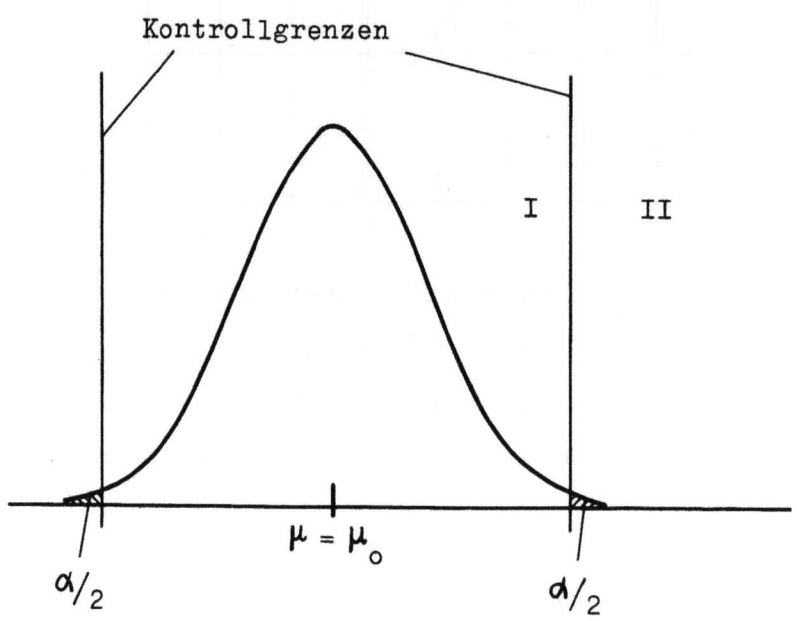

Abbildung 25
Fehler erster Art

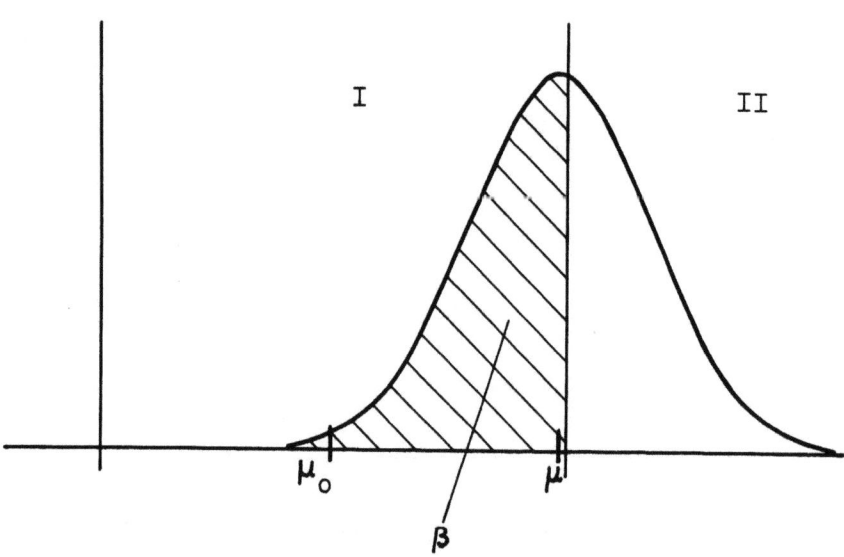

Abbildung 26
Fehler zweiter Art

Wenn andererseits $\mu \neq \mu_o$ ist, so wird gewünscht, daß möglichst viele Stichprobenwerte in den Nicht-Annahmebereich oder Rückweisungsbereich II fallen (Abb. 26). Die Wahrscheinlichkeit dafür, daß Stichprobenwerte in den Annahmebereich I fallen, wird als Fehler zweiter Art (β) bezeichnet. Die Prüfschärfe des Verfahrens (power of test) wird gemessen durch die Rückweisungswahrscheinlichkeit oder den Wert (1 - β), wenn die Hypothese H_1 gilt, d.h. im vorliegenden Falle der Kontrollkarte, wenn eine Mittelwertsverschiebung der zugrunde liegenden Gesamtheit eingetreten ist. Je größer (1 - β) für eine bestimmte Mittelwertsverschiebung ist, umso wertvoller ist die betreffende Kontrollkarte, umso rechtzeitiger können Gegenmaßnahmen eingeleitet werden, und umso geringer ist der anfallende Ausschuß. Der Begriff "Prüfschärfe" bedeutet also in der Praxis der Kontrollkarte diejenige Wahrscheinlichkeit, mit welcher Fehler der Produktion rechtzeitig erkannt und durch entsprechende Regelungen abgestellt werden können, oder diejenige Wahrscheinlichkeit, mit der der Fabrikationsprozeß bei Auftreten eines bestimmten Ausschusses umgestellt und auf das vorgeschriebene Qualitätsniveau gebracht werden kann.

2. Vergleich von Kontrollkarten

Unter diesem Gesichtspunkt sollen einige Kontrollkarten kurz verglichen werden, und zwar die Einzelwertkarte, die Mittelwertkarte, die Medianwertkarte, die Extremwertkarte.

Für Normalverteilungen gilt

$$(22) \qquad \Phi(\lambda) = \int_{-\infty}^{\lambda} \varphi(\lambda)\, d\lambda = \frac{1}{\sqrt{2\pi}} \cdot \int_{-\infty}^{\lambda} e^{-\frac{\lambda^2}{2}}\, d\lambda$$

Die Wahrscheinlichkeit dafür, daß die Werte der Normalverteilung innerhalb bestimmter Grenzen λ_1 und λ_2 liegen, ist gegeben durch

$$(23) \quad W = \frac{1}{\sqrt{2\pi}} \cdot \int_{-\lambda_2}^{+\lambda_1} e^{-\frac{\lambda^2}{2}}\, d\lambda = \Phi(\lambda_1) - \Phi(-\lambda_2) = \Phi(\lambda_1) + \Phi(\lambda_2) - 1$$

Die Kontrollgrenzen g_1 und g_2 werden bei konstantem Mittelwert in gleichen Abständen vom Mittelwert festgelegt

$$(24) \quad \mu = \mu_o, \quad \lambda_1 = \frac{g_1 - \mu_o}{\sigma} = A, \quad \lambda_2 = \frac{\mu_o - g_2}{\sigma} = \frac{g_1 - \mu_o}{\sigma} = A, \quad W = 2 \cdot \Phi(A) - 1$$

Bei variablem Mittelwert und bei festgehaltenen Kontrollgrenzen g_1 und g_2 ist

$$\mu = \mu_v = \mu_0 + k \cdot \sigma \neq \mu_0$$

(25)
$$\lambda_1 = \frac{g_1 - \mu_v}{\sigma} = \frac{g_1 - \mu_0 - k \cdot \sigma}{\sigma} = A-k$$

$$\lambda_2 = \frac{\mu_v - g_2}{\sigma} = \frac{\mu_0 + k \cdot \sigma - g_2}{\sigma} = A+k$$

und die Annahmewahrscheinlichkeit $W_A = \beta(\mu_v)$ bzw. die Prüfschärfe $(1-W_A)$ wird nach (23)

(26)
$$W_A = \Phi(A-k) - \Phi(-A-k)$$

$$1 - W_A = 1 - \left\{\Phi(A-k) - \Phi(-A-k)\right\}$$

$(1 - W_A)$ in (26) ist die Wahrscheinlichkeit dafür, daß die Werte der Verteilung außerhalb der Grenzen λ_1 und λ_2 liegen, d.h. gleichzeitig ein Maß für den Ausschußanteil p. Für Mittelwerte und Medianwerte ist in den Formeln (24) die Standardabweichung σ durch die Standardabweichungen $\sigma/\sqrt{n}$ und $\sigma/\sqrt{\frac{2n}{\pi}}$ zu ersetzen [7]. Ferner ist die Wahrscheinlichkeit dafür, daß alle n Werte einer Stichprobe innerhalb der Grenzen λ_1 und λ_2 - sogenannte Extremwerte - liegen, nach (23) gleich [8]

(27)
$$W = \left\{\Phi(\lambda_1) - \Phi(-\lambda_2)\right\}^n$$

und die Kontrollgrenzen werden bestimmt durch $W = \left\{2 \cdot \Phi(A') - 1\right\}^n$. Für die Prüfschärfe der verschiedenen Kontrollkarten erhält man hiernach die Ausdrücke

Einzelwertkarte

(28)
$$1 - W_A = 1 - \left\{\Phi(A-k) - \Phi(-A-k)\right\}$$

Mittelwertkarte

$$1 - W_A = 1 - \left\{\Phi(A-k \cdot \sqrt{n}) - \Phi(-A-k \cdot \sqrt{n})\right\}$$

---

7. Die entsprechenden Ausdrücke für Medianwerte in (24) und (28) gelten angenähert für größeres n.
8. s. U. GRAF und R. WARTMANN, Die Extremwertkarte bei der laufenden Fabrikationskontrolle, Mitteilungsblatt für Math.Statistik, 6 (1954), S. 121 - Formel (7), (8), (13)

Forschungsberichte des Wirtschafts- und Verkehrsministeriums Nordrhein-Westfalen

(28)
Medianwertkarte
$$1 - W_A = 1 - \left\{ \Phi(A-k\cdot\sqrt{\tfrac{2n}{\pi}}) - \Phi(-A-k\cdot\sqrt{\tfrac{2n}{\pi}}) \right\}$$

Extremwertkarte
$$1 - W_A = 1 - \left\{ \Phi(A'-k) - \Phi(-A'-k) \right\}^n$$

Die Kontrollgrenzen der Kontrollkarten brauchen nicht in gleicher Weise festgelegt zu sein wie die Ausschußgrenzen der Grundgesamtheit, d.h. die Werte A in (28) und (26) brauchen nicht übereinzustimmen.

Die Prüfschärfe aller Karten kann sowohl in Abhängigkeit von der Mittelwertsverschiebung als auch vom Ausschußanteil dargestellt werden, da nach (28), (25) und (26)

$$1 - W_A = f(k) = f\left(\frac{\mu_v - \mu_o}{\sigma}\right) = \varphi(p)$$

Man berechnet zweckmäßig für bestimmte Werte von k die Ausschußprozentsätze p nach (26) und Prüfschärfen $(1-W_A)$ nach (28) und trägt zugehörige Werte in einem Koordinatensystem ein. In dieser Weise sind die Kurven von Abbildung 27 für Mittelwertsverschiebungen k und Ausschußprozentsätze p erhalten (n=5 außer Einzelwertkarte n=1). Die Kontroll- und Ausschußgrenzfaktoren beziehen sich in Abbildung 27 auf eine zweiseitige statistische Sicherheit von 99 %:

$$\Phi(A) = \tfrac{1}{2} + \tfrac{1}{2} \cdot W = 0{,}995 \text{ nach (24), } A = 2{,}58$$

$$\Phi(A') = \tfrac{1}{2} + \tfrac{1}{2} \cdot W^{1/5} = 0{,}999 \text{ nach (27), } A' = 3{,}09$$

Die Beziehungen ändern sich grundsätzlich nicht, wenn man statt einer statistischen Sicherheit von 99 % etwa eine solche von 95 % wählt. Für S = 99 % und für eine Mittelwertsverschiebung von 1 σ (k=1) erhält man z.B. die Prüfschärfenwerte:

    Einzelwert 5,7 %,   Medianwert 21,5 %,
    Extremwert 8,8 %,   Mittelwert 36,7 %.

Weitere Vergleichsmaße ergeben sich in folgender Weise. Die Wahrscheinlichkeit dafür, daß eine Stichprobe in den Bereich außerhalb der Kontrollgrenzen fällt, d.h. zur Anzeige einer Mittelwertsverschiebung führt, ist $(1-W_A)$. Mithin werden im Mittel bei y Probeentnahmen $y \cdot (1-W_A)$ Stichproben und bei $\frac{1}{1-W_A}$ Probeentnahmen 1 Stichprobe die Grenzen überschreiten. Da jede Stichprobe n Einzelwerte umfaßt, ist die Zahl der für eine Anzeige erforderlichen Versuche

(29) $$z = \frac{n}{1 - W_A}$$

Hiernach ergibt sich für die Zahl der Versuche mit k = 1:

        Einzelwert 17,6,   Medianwert 23,2,
        Extremwert 56,8,   Mittelwert 13,6.

Der günstige Wert der Einzelwertkarte darf nicht zu Fehlschlüssen verleiten, da es praktisch viel umständlicher und kostspieliger sein kann, in fünf verschiedenen Zeitpunkten eine Probe als in einem Zeitpunkt fünf Proben zu entnehmen. Beschränkt man sich auf die drei übrigen Karten, so erkennt man, daß der Prüfaufwand der Medianwertkarte um das 1,7-fache höher ist als der der Mittelwertkarte und der Prüfaufwand der Extremwertkarte um das 2,4- bzw. 4,2-fache höher ist als der der Median- bzw. Mittelwertkarte.

Wenn weiter angenommen wird, daß die Produktion zwischen zwei Stichprobenentnahmen bei Rückweisung zu 1oo % geprüft und von Ausschußstücken befreit wird, so ist der maximale durchschnittliche Ausschußanteil nach der Prüfung ein kennzeichnendes Maß für die Güte einer Kontrollkarte

(3o) $$p^*_{max} = (W_A \cdot p)_{max} \approx \frac{1}{2} \cdot p_{(W_A = o,5)} = \frac{1}{2} \cdot p_{(1-W_A = o,5)}$$

Die entsprechenden Zahlenwerte sind (s. Abb. 27):

        Einzelwert 25 %,   Medianwert 6,5 %,
        Extremwert 13,5 %,   Mittelwert 4 %.

Die Prüfungen zeigen, daß die angegebene Reihenfolge der Karten einer Bewertung entspricht. Die Prüfschärfe steigt, und der Prüfaufwand und maximale Ausschußprozentsatz sinkt erheblich, wenn man von der Extremwertkarte zur Median- und Mittelwertkarte übergeht.

3. Median-Stichprobenkarte

Nach diesen Vergleichen sei hier auf den praktischen Wert der bekannten Median-Stichprobenkarte hingewiesen [9]. Nach Abbildung 28 werden in die Median-Stichprobenkarte alle z.B. fünf Einzelwerte einer Stichprobe eingezeichnet und der mittlere Wert (Medianwert) durch Unterstreichen oder

---

9. J.M. JURAN, Quality-Control Handbook, New York, Toronto, London 1951, S. 72o

Forschungsberichte des Wirtschafts- und Verkehrsministeriums Nordrhein-Westfalen

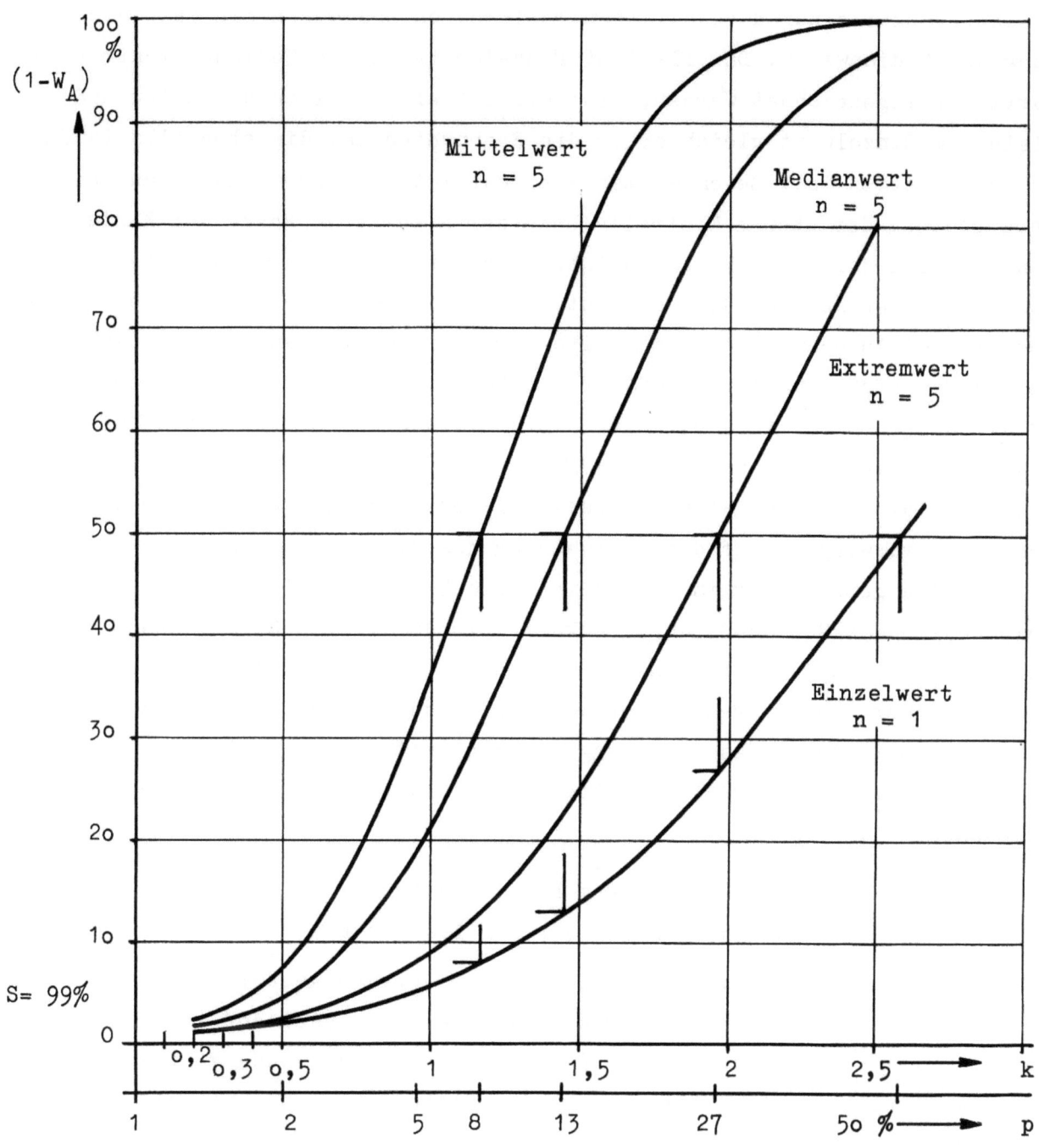

Abbildung 27

Prüfschärfe von Kontrollkarten in Abhängigkeit von der
Mittelwertsverschiebung und vom Ausschußprozentsatz

Umranden gekennzeichnet. Die eingezeichneten Kontrollgrenzen sind die Kontrollgrenzen für diesen Medianwert.

Die Median-Stichprobenkarte ist einspurig, benötigt keine Berechnung oder Aufschreibung von Meßwerten und unterscheidet sich von der Extremwert-

Stichprobenkarte nur durch die Kontrollgrenzen und durch die Kennzeichnung des Medianwerts. Da alle fünf Einzelwerte in die Median-Stichprobenkarte miteingezeichnet werden, gibt die Differenz zwischen größtem und kleinstem Einzelwert gleichzeitig die Spannweite an, die ebenfalls in der Karte enthalten ist. Zeichnet man ein bestimmtes Grenzmaß der Spannweite entsprechend der oberen Kontrollgrenze der R-Karte am Rande der Karte ein, so kann durch die Median-Stichprobenkarte auch die Spannweite anschaulich überwacht werden. Ein automatisches Überschreiten von Kontrollgrenzen bei Anwachsen der Spannweite wird bei der Median-Stichprobenkarte allerdings nicht angezeigt; dieser Nachteil wird aber durch den Vorteil erheblich größerer Prüfschärfe bei Verschiebung des Mittelwertes aufgewogen - umsomehr, als es genügend Fälle gibt (in der metallverarbeitenden Industrie die Mehrzahl aller Fälle), bei denen es nach Einrichten der Kontrolle vorwiegend auf die Überwachung des Mittelwerts ankommt. Für diese Fälle genügt aber im allgemeinen die Kontrollmöglichkeit der Spannweite durch die Median-Stichprobenkarte. In die Median-Stichprobenkarte können außer den Kontrollgrenzen für den Medianwert die Toleranzgrenzen für Einzelwerte miteingezeichnet werden; diese Maßnahme hat bei der Einführung den Vorteil, das Bedienungspersonal mit der verschiedenen Wertigkeit von Einzelwerten und abgeleiteten Mittelwerten allmählich vertraut zu machen [10].

B. Steuerung von Fabrikationsprozessen ohne Kontrollkarte

Man sieht sich in der Praxis häufig vor die Aufgabe gestellt, einen Fabrikationsprozeß zu steuern, der so rasch verläuft oder der in kurzer Zeit so viel Teile produziert, daß die Anlage und Verwendung einer Kontrollkarte nicht möglich ist (Beispiel: Walzverfahren und Schleifverfahren). Erstens würde die Zeit zwischen Stichprobenentnahme und Steuerung zu lang sein und erheblichen Ausschuß zulassen, zweitens müßten Stichproben sehr häufig, zum Teil ununterbrochen verarbeitet werden, und drittens wäre hoher Personal- und Kostenaufwand unvermeidlich. Es müssen daher Verfahren angewandt werden, die rasch arbeiten, weder Rechen- noch Schreib-

---

[10]. Anmerkung bei der Korrektur: Über weitere Stichprobenkarten s. K.BRÜKKER-STEINKUHL, Stichprobenkarten mit Iterationen, Mitteilungsblatt für Math.Statistik, 8(1956), S.154. Stichprobenkarten mit Iterationen besitzen über die oben angeführten Vorzüge der Median-Stichprobenkarte noch wesentliche, weitere Vorzüge.

arbeit verlangen, und die nach Prüfschärfe wirksam sind, jedenfalls wirksamer als die üblichen empirischen Verfahren.

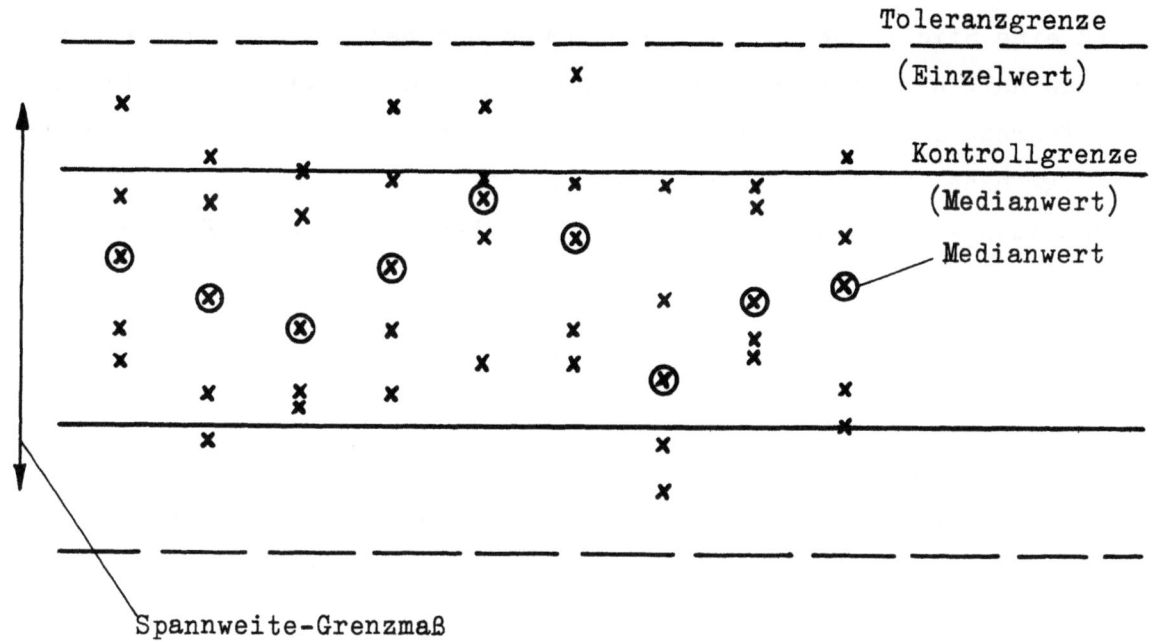

Abbildung 28
Median-Stichprobenkarte

1. Allgemeine Lösung

Der Grundgedanke der Lösung besteht darin, für die Stichprobenauswertung wenige Wertegruppen vorzusehen, in die die Einzelwerte so, wie sie anfallen, sukzessive eingeteilt werden, und je nach Zuordnung der Werte zu den Wertegruppen den Prozeß zu steuern. Das Schreiben, Rechnen und Aufzeichnen von Einzelwerten und abgeleiteten Werten bei der Kontrollkarte wird daher ersetzt durch ein Abzählen von Einzelwerten. Eine gewisse Ordnungs- und Regelvorschrift legt bei jedem Verfahren fest, wann das Abzählergebnis als signifikant oder nicht-signifikant betrachtet werden kann. Man läßt zweckmäßig die Gruppengrenzen (Kontrollgrenzen), um sie leicht im Gedächtnis behalten zu können, mit runden Zahlen zusammenfallen. Einschränkende Bedingung ist, da jedes Aufzeichnen vermieden werden soll, daß nicht nur die Zahl der Gruppen, sondern auch die Zahl der zu gruppierenden Werte klein sein soll; die Zahl der Gruppen sollte 2 - 3, die Zahl der Werte 7 nicht überschreiten.

Aus der Zahl der möglichen seien einige Verfahren angeführt, die sich zum Teil aus der Kontrollkartenpraxis mit entsprechenden Änderungen übernehmen lassen.

Forschungsberichte des Wirtschafts- und Verkehrsministeriums Nordrhein-Westfalen

a) Einzelwerte mit Kontrollgrenzen

Durch die Kontrollgrenzen wird das Wertefeld in drei Gruppen eingeteilt. Es wird eine Stichprobe zu n = 1 entnommen und beobachtet, ob der Einzelwert innerhalb oder außerhalb der Kontrollgrenzen liegt. Die Prüfschärfe des Verfahrens ist schlecht; um sie zu erhöhen, wird man zweckmäßig die Kontrollgrenzen in kleinerem als dem üblichen Abstand anordnen, wobei in Kauf genommen werden muß, daß die Zahl der Fehlregelungen (Fehler Typ I) zunimmt.

b) Iterationen ohne Kontrollgrenzen

Es wird siebenmal nacheinander eine Stichprobe zu n = 1 oder eine Stichprobe zu n = 7 entnommen und beobachtet, ob alle sieben Werte entweder oberhalb oder unterhalb des eingestellten Mittelwerts (Sollwerts) liegen. Die Prüfung kann abgebrochen werden, sobald alternierende Werte auftreten.

c) Medianwerte mit Kontrollgrenzen

Es wird eine Stichprobe zu n = 5 entnommen und beobachtet, ob drei, vier oder fünf Werte entweder oberhalb oder unterhalb der Kontrollgrenzen des Medianwerts liegen. Die Zahl der Gruppen ist gleich drei. Die Prüfung kann abgebrochen werden, sobald drei Werte innerhalb oder einseitig außerhalb der Kontrollgrenzen auftreten.

d) Iterationen mit veränderlichen Kontrollgrenzen

Es wird mehrere Male nacheinander eine Stichprobe zu n = 1 entnommen und beobachtet, ob alle entnommenen Werte außerhalb bestimmter Kontrollgrenzen liegen. Die Zahl der Gruppen ist gleich drei. Die Lage der Kontrollgrenzen ist verschieden je nach Länge der Iteration bzw. Zahl der Stichproben. Die Prüfung kann abgebrochen werden bzw. die Zählung beginnt neu, sobald alternierende Werte auftreten.

Die Einteilung der Werte in nur zwei oder drei Gruppen ermöglicht die Verwendung von Lehren statt Meßgeräten (1 Lehre bei 2 Gruppen, 2 Lehren bei 3 Gruppen). Die Prüfung läßt sich daher sehr rasch durchführen, zumal die durchschnittliche Zahl der Messungen bei vorzeitigem Abbruch abnimmt.

Alle Verfahren sind Steuerungsverfahren des Mittelwerts. Bei den Verfahren a), c), d) wird die Streuung des Prozesses als bekannt vorausgesetzt, so daß Gruppengrenzen (Kontrollgrenzen) vor der Steuerung festgelegt werden können. Zur Bestimmung der Streuung muß vor der eigentlichen Fabrikation eine größere Stichprobe (n = 1oo) entnommen oder notfalls ein Wert früherer Serien übernommen werden. In der beschriebenen Form sind die Verfahren zugeschnitten auf den Fall, daß der Mittelwert auf dem Sollwert gehalten werden soll, der Prozeß also keinen weiten Spielraum hat. Der weitere Fall, daß der Toleranzbereich größer ist als der Streubereich, ließe sich ebenfalls behandeln, führt aber zu komplizierteren Grenzfestsetzungen. Verfahren c) ist auch verwendbar für Steuerung der Spannweite.

2. Iterationen mit veränderlichen Kontrollgrenzen

Die veränderlichen Kontrollgrenzen der Iterationen nach d) werden wie folgt berechnet. Bekanntlich ist die Erwartungszahl von Iterationen der Länge n in N Versuchen bei zwei Elementarten gleich [11]

$$(31) \qquad g = N \cdot (p^2 \cdot q^n + q^2 \cdot p^n)$$

Die Summe der Erwartungszahlen aller Iterationen von der Länge n und darüber ist demnach

$$(32) \qquad G = N \cdot \sum_{x=n}^{\infty} (p^2 \cdot q^x + q^2 \cdot p^x) = N \cdot (p \cdot q^n + q \cdot p^n)$$

Wenn die Wahrscheinlichkeit eines Erfolges mit p und die eines Nicht-Erfolges mit q bezeichnet wird, so treten in N Versuchen $N \cdot q \cdot p^n$ Erfolgsiterationen ($\geq n$) auf, mithin im Mittel 1 Erfolgsiteration ($\geq n$) in $\frac{1}{q \cdot p^n}$ Versuchen. Wenn ferner p und q noch nicht bestimmt sind, dagegen verlangt wird, daß in z Versuchen nicht mehr als 1 Iteration rein zufallsmäßig auftritt – Fehler Typ I –, so ist p so zu bestimmen, daß die Gleichung

$$(33) \qquad z = \frac{1}{q \cdot p^n}$$

erfüllt ist. p ist für Normalverteilungen mit (22) und (24) - IV, A. - gegeben durch

$$(34) \qquad p = \frac{1}{\sqrt{2\pi}} \cdot \int_A^{\infty} e^{-\frac{\lambda^2}{2}} d\lambda = 1 - \frac{1}{\sqrt{2\pi}} \cdot \int_{-\infty}^A e^{-\frac{\lambda^2}{2}} d\lambda = 1 - \Phi(A)$$

---

11. R.v. MISES, Angew.Math., I.Bd. Wahrscheinlichkeitsrechnung, Leipzig und Wien 1931, S. 1o6

Aus den Gleichungen (33) und (34) läßt sich für jede Iterationslänge n und Zahl z der Kontrollgrenzfaktor A berechnen. z wird beispielsweise gleich 40, 100, 200, 1000 für n gleich 1, 2, 3 gewählt. Die Zahlen z = 40, 100, 200, 1000 entsprechen einer einseitigen statistischen Sicherheit von $\bar{S}$ = 97,5 %, 99 %, 99,5 %, 99,9 % und einer zweiseitigen statistischen Sicherheit von S = 95 %, 98 %, 99 %, 99,8 %, d.h. es wird angenommen, daß rein zufallsmäßig mit einer Wahrscheinlichkeit von $(100 - \bar{S})$% nur eine Iteration oberhalb der oberen Kontrollgrenze und mit einer Wahrscheinlichkeit von $(100 - S)$% nur eine Iteration oberhalb der oberen oder unterhalb der unteren Kontrollgrenze auftritt.

Bei Mittelwertsverschiebung - $\mu = \mu_o + k \cdot \sigma$ - ist andererseits die Wahrscheinlichkeit für das Auftreten eines Wertes außerhalb der Kontrollgrenze mit (25) - IV,A - gegeben durch

$$(35) \quad p' = \frac{1}{\sqrt{2\pi}} \cdot \int_{A-k}^{\infty} e^{-\frac{\lambda^2}{2}} d\lambda = 1 - \frac{1}{\sqrt{2\pi}} \cdot \int_{-\infty}^{A-k} e^{-\frac{\lambda^2}{2}} d\lambda = 1 - \Phi(A-k)$$

und die Zahl der Versuche, die nötig ist, um das Auswandern des Mittelwerts um die Strecke $k \cdot \sigma$ erkennen zu lassen, ist gleich

$$(36) \quad z' = \frac{1}{q' \cdot p'^n}$$

Die oben durchgeführte Rechnung unterscheidet sich formal von einer Rechnung nach WEILER [12], die sich auf Iterationen von Mittelwerten bezieht, durch den Ansatz (33); der entsprechende Ansatz nach WEILER lautet

$$(37) \quad z = \frac{1 - p^n}{q \cdot p^n}$$

und wird erhalten durch eine abweichende Definition der Iterationen, die sich an FELLER [13] anschließt. Nach dieser Definition braucht eine Iteration der Elementart p nicht notwendig durch Elemente der Elementart q begrenzt zu sein. Daher werden Elementfolgen über n doppelt bzw. k-fach gezählt, falls i, die Zahl der sukzessiven Erfolge, zwischen 2n und 3n-1

---

12. H. WEILER, The use of runs to control the mean in quality control, J. of the Am. Stat. Assoc., 48 (1953), S. 816
13. W. FELLER, Probability Theory and its Applications, I, New York 1950, S. 266

bzw. zwischen k·n und (k+1) · n - 1 liegt. Formel (33) bezieht sich dagegen auf Iterationen, die an beiden Enden durch Elemente der Elementart q begrenzt sind. Diese letzte Definition ist dem vorliegenden Falle besser angepaßt, da bei fortlaufender Überwachung die Zählung begonnen wird, sobald zum ersten Mal ein Wert außerhalb der Kontrollgrenzen erscheint (p nach q), und da geregelt, d.h. die Zählung zwangsweise abgebrochen wird, sobald n mal nacheinander ein Wert p aufgetreten ist. Natürlich kann nicht vorausgesehen werden, ob dem n-ten Wert p weitere Werte p nachfolgen würden. Es ist daher richtig, alle Elementfolgen (n·p) als Iterationen ($\geq$ n) zu zählen. Dagegen können wegen vorzeitigen Abbruchs die Iterationen > n, deren Länge ein ganzzahliges Vielfaches von n ist, von den übrigen Iterationen > n nicht getrennt werden. Die Zählung entsprechend der Iterationendefinition nach FELLER würde hier also fehlerhaft sein. Formel (33) und (37) unterscheiden sich zahlenmäßig für kleines n und größeres p, wie sie im vorliegenden Fall der Steuerung ohne Kontrollkarte benutzt werden.

Nach den Formeln (33) - (36) wurden einige Werte von A und z' für verschiedene S, z und n berechnet, die in Tabelle 4 zusammengestellt sind.

T a b e l l e   4

Werte von A und z'

S/%	95		98		99		99,8	
z	40		100		200		1000	
n	A	z'	A	z'	A	z'	A	z'
1	1,95	7,1	2,33	12,1	2,58	18,4	3,09	55,7
2	0,94	7,7	1,25	10,4	1,45	13,9	1,85	31,9
3	0,43	9,6	0,72	11,1	0,90	13,9	1,26	26,5

Um die verschiedenen Iterationspläne vergleichen zu können, sind in Tabelle 4 außer den Kontrollgrenzfaktoren A noch die Werte z' eingetragen, d.h. die Zahlen der Versuche, die für die Anzeige einer Mittelwertsverschiebung von 1 σ (k=1) erforderlich sind. Die Werte z' nehmen in der

Horizontalen mit wachsender statistischer Sicherheit S natürlich zu; sie nehmen andererseits in der Vertikalen mit wachsender Iterationszahl n bis zu einem gewissen Minimum ab, und zwar umso stärker, je höher die statistische Sicherheit S ist. Es ist daher günstig, höhere Iterationen zu benutzen, wenn der Fehler Typ II und wenn gleichzeitig der Fehler Typ I klein sein soll. Zweckmäßig wird man für die verschiedenen statistischen Sicherheiten die unterstrichenen, in einer Diagonale liegenden Iterationspläne von Tabelle 4 auswählen.

3. Beispiel: Kaltwalzverfahren

Nach den günstigsten Iterationsplänen von Tabelle 4 - n=1, A=1,95; n=2 A=1,25; n=3, A=0,90 - wurden Kontrollgrenzen für ein praktisches Beispiel berechnet, das sich auf die verschiedenen Walzendrucke bei der Kaltwalzung von Bandstahl bezieht.

Tabelle 5

Werte von $A \cdot \sigma$ in 1/100 mm

Bandzustand	Standard-abweichung σ/1/100 mm	S/% 95 n=1, A=1,95	S/% 98 n=2, A=1,25	S/% 99 n=3, A=0,90
Warmband vor dem Walzen	1,31	2,55	1,64	1,18
1. Druck	1,26	2,46	1,58	1,13
2. Druck	0,65	1,27	0,81	0,59
3. Druck	0,66	1,29	0,83	0,59
4. Druck	0,55	1,07	0,69	0,50
5. Druck	0,47	0,92	0,59	0,42

In der zweiten Spalte von Tabelle 5 sind die Standardabweichungen der Dicke eines Bandstahlringes (Material EC 60) angegeben, die vor dem Walzen und nach dem 1. bis 5. Druck mit je 100 Messungen bestimmt wurden; die Meßpunkte waren in gleichen Abständen von der Kante über die Bandlänge verteilt. Mit den Standardabweichungen σ wurden die Werte $A \cdot \sigma$ - Abstände der Kontrollgrenzen vom Mittelwert μ_o - in Spalte 3-5 berechnet; alle Werte sind in 1/100 mm angegeben.

Tabelle 5 läßt sich in verschiedener Weise zur Aufstellung eines Walzplans benutzen. Aus praktischen Gründen wird man sich dafür entscheiden, bei allen Drucken entweder die Abstände der Kontrollgrenzen oder die Iterationszahlen konstant zu halten.

a) Für konstante Iterationszahlen verwendet man bei den verschiedenen Drucken nacheinander die Kontrollgrenzwerte einer Spalte, beispielsweise für Einzelwerte (n=1) die Werte 2,46 - 1. Druck, 1,27 - 2. Druck usw.

b) Für konstante Abstände der Kontrollgrenzen verwendet man bei den verschiedenen Drucken die in einer Diagonale von Tabelle 5 angeordneten Kontrollgrenzwerte, die näherungsweise einander gleich sind (umrandete Werte der von rechts oben nach links unten verlaufenden Diagonale 1,13 - 1.Druck, 0,81 - 2. Druck usw.). Diesen Werten sind in den verschiedenen Spalten wechselnde Iterationszahlen zugeordnet. Die statistische Sicherheit nimmt hierbei mit zunehmender Druckzahl ab.

Alle Zahlenwerte $A \cdot \sigma$ werden für den praktischen Gebrauch auf 0,5/100 mm abgerundet. Dementsprechend lautet die einfache Regelvorschrift für die beiden Fälle a) und b):

a) K o n s t a n t e   I t e r a t i o n s z a h l ,   E i n z e l w e r t e

Die Walze wird dann und nur dann geregelt, wenn ein Meßwert in einem gewissen Mindestabstand entweder oberhalb oder unterhalb des Sollwerts beobachtet wird. Dieser Mindestabstand beträgt in 1/100 mm: 2,5 - 1. Druck, 1,5 - 2. und 3. Druck, 1 - 4. und 5. Druck.

b) K o n s t a n t e   A b s t ä n d e   d e r   K o n t r o l l -
   g r e n z e n

Die Walze wird dann und nur dann geregelt, wenn mehrere Meßwerte nacheinander im Mindestabstand von 1/100 mm entweder oberhalb oder unterhalb des Sollwerts beobachtet werden. Die Zahl der zu beobachtenden Werte ist: 3 - 1. Druck, 2 - 2. und 3. Druck, 1 - 4. und 5. Druck.

Die beiden Verfahren a) und b) dürften auch dem Praktiker ohne weiteres verständlich sein, da es einleuchtet, daß die Regelgenauigkeit bei den letzten Drucken höher sein muß als bei den ersten Drucken. Die Genauigkeit nimmt aber zu, wenn entweder bei kleineren Abweichungen vom Sollwert geregelt wird oder wenn zur Regelung nur ein Meßwert statt mehrerer Meßwerte mit bestimmter Abweichung vom Sollwert abgewartet wird. Nach Tabelle 4 und 5 lassen sich auch noch andere Walzpläne ableiten, z.B. wenn verlangt wird, daß die Zahl der Fehlregelungen mit wachsender Druckzahl ab- statt zunehmen soll. Die Verfahren setzen voraus, daß die Standardabweichung der Dicke der Bandstahlringe nach Messungen an Ringen der gleichen Lieferung oder ähnlicher Lieferungen bekannt ist. Doch sind die Genauigkeitsansprüche nicht sehr hoch, da man aus praktischen Gründen die Werte $A \cdot \sigma$ sowieso auf 0,5/100 mm abrunden muß. Das Iterationsverfahren setzt weiter voraus, daß Messungen an der Walze mit einer gewissen Regelmäßigkeit ausgeführt werden.

Die beschriebenen Steuerungsverfahren ohne Kontrollkarte können ergänzt werden bei kontinuierlicher Produktion durch ein Annahmeverfahren nach Variablen und bei diskontinuierlicher Produktion durch ein Annahmeverfahren nach Variablen oder Attributen. In beiden Fällen werden nach Produktion größere Mengen der Produktion zu einem Posten vereinigt, der geschlossen geprüft wird. Man erhält auf diese Weise nicht nur den gewünschten, schriftlich niedergelegten Überblick über das Qualitätsniveau und ein Aussortieren schlechter Posten, sondern auch eine kritische Überprüfung der Steuerung. Die Aufteilung der Gesamt-Kontrolle in die beiden Funktionen: Steuerung und Nach-Kontrolle stellt hiernach in manchen Fällen eine sehr zweckmäßige Lösung dar.

V. Vereinfachtes Rechenverfahren bei Anwendung der Varianzanalyse

Bei der Durchrechnung von Fällen nach dem Verfahren der Varianzanalyse sind nacheinander eine Reihe von Rechenoperationen durchzuführen - Berechnung von Mittelwerten, Quadratsummen, Freiheitsgraden und Streuungen. In der Endanalyse werden die Ergebnisse zusammengefaßt und zur Bildung eines Streuungsquotienten benutzt; ein Vergleich dieses empirisch gefundenen Testwertes mit einem aus einer Tabelle zu entnehmenden theoretischen Testwert führt schließlich zum angestrebten Signifikanzurteil. Die Zahl der Rechenschritte ist bei diesem Vorgang verhältnismäßig groß - sie beträgt z.B. für ein Lateinisches Quadrat etwa 10 -; und das ganze Verfahren wird daher oft als umständlich empfunden. Es ist jedoch möglich, die Zahl der

Rechenschritte einzuschränken und in sehr vielen Fällen von einer Verwendung der theoretischen F-Verteilung überhaupt abzusehen, wie im folgenden gezeigt werden soll. Die angegebenen Rechenvereinfachungen sind besonders empfehlenswert, wenn keine Rechenmaschine zur Verfügung steht, und erfordern nicht mehr als Rechenschieber-Genauigkeit; sie beziehen sich auf alle Fälle zweidimensionaler Anordnung der Meßwerte, d.h. unbeschränkt auf die ein- und zweifache Gruppierung sowie auf drei- und mehrfache Gruppierungen bei Quadraten.

1. Quotienten von Quadratsummen verschiedener Gruppierung als Prüfquotienten

Nach der üblichen Auswertungsmethode werden die gegebenen Meßwerte in einer Tabelle angeordnet und nach Gruppen in einer Richtung bzw. in zwei oder mehreren Richtungen unterschieden; für die einmal gewählte, bestimmte Gruppierung wird die Analyse durchgeführt. Bei dieser Methode hat man bisher keinen Vergleich der verschiedenen Gruppierungen untereinander durchgeführt. Zufolge des Satzes von der additiven Eigenschaft der Quadratsummen lassen sich aber die hier behandelten Gruppierungen hinsichtlich ihrer Quadratsummen aufeinander beziehen, eben deshalb, weil sie ungeachtet aller Unterschiede eine zweidimensionale Anordnung aufweisen. Diese elementaren Zusammenhänge können zur Abkürzung der Rechnungen benutzt werden; sie seien an Hand von Tabelle 6 kurz dargestellt.

Tabelle 6

Spalte / Zeile	1	2	---	k	Durchschnitt Zeile
1	x_{11}	x_{12}	---	x_{1k}	z_1
2	x_{21}	x_{22}	---	x_{2k}	z_2
---	---	---	---	---	---
j	x_{j1}	x_{j2}	---	x_{jk}	z_j
Durchschnitt Spalte	s_1	s_2	---	s_k	g

In Tabelle 6 bedeuten x_{jk} die in j Zeilen und k Spalten angeordneten Einzelwerte. Die am rechten Rande der Tabelle vermerkten Zeilendurchschnitte sind mit z_1 bis z_j, die am unteren Rande vermerkten Spaltendurchschnitte sind mit s_1 bis s_k, und der Gesamt-Durchschnitt, an der rechten unteren Ecke eingetragen, ist mit g bezeichnet. Für die verschiedenen Quadratsummen werden ferner die Zeichen Q und q mit entsprechenden Indizes nach (38) verwandt.

(38)
$$
\begin{aligned}
\text{Gesamt-Quadratsumme} \quad & Q = \sum_{1}^{j} \sum_{1}^{k} (x_{jk} - g)^2 \\
\text{Quadratsumme zwischen den Zeilen} \quad & q_z = k \cdot \sum_{1}^{j} (z_j - g)^2 \\
\text{Quadratsumme zwischen den Spalten} \quad & q_s = j \cdot \sum_{1}^{k} (s_k - g)^2 \\
\text{Quadratsumme zwischen den Lateinischen Buchstaben-Reihen} \quad & q_\ell = j \cdot \sum_{1}^{k} (\ell_k - g)^2 \\
\text{Quadratsumme zwischen den Griechisch-Lateinischen Buchstaben-Reihen} \quad & q_\gamma = j \cdot \sum_{1}^{k} (\gamma_k - g)^2
\end{aligned}
$$
usw.

Mit diesen Abkürzungen ergeben sich für die verschiedenen Gruppierungen die bekannten Quadratsummenformeln

(39)
$$
\begin{aligned}
\text{Einfache Gruppierung} \quad & Q = q_z + q_v^{(1)} \\
\text{Zweifache Gruppierung} \quad & Q = q_z + q_s + q_v^{(2)} \\
\text{Dreifache Gruppierung - Lateinisches Quadrat} \quad & Q = q_z + q_s + q_\ell + q_v^{(3)} \\
\text{Vierfache Gruppierung - Griechisch-Lateinisches Quadrat} \quad & Q = q_z + q_s + q_\ell + q_\gamma + q_v^{(4)}
\end{aligned}
$$
usw.

$q_v^{(1)} - q_v^{(4)}$ sind Rest-Quadratsummen, auch Versuchsfehler-Quadratsummen genannt. Die Zusammenhänge der verschiedenen Gruppierungen werden deutlich, wenn man nach (39) das Gleichungssystem (40) anschreibt:

	Nullfache Gruppierung	$Q = q_v^{(0)}$
	Einfache Gruppierung	$Q = q_{gr}^{(1)} + q_v^{(1)}$
(40)		
	(n-1)-fache Gruppierung	$Q = q_{gr}^{(1)} + \ldots + q_{gr}^{(n-1)} + q_v^{(n-1)}$
	n-fache Gruppierung	$Q = q_{gr}^{(1)} + \ldots + q_{gr}^{(n-1)} + q_{gr}^{(n)} + q_v^{(n)}$

$q_{gr}^{(n)}$ ist die Quadratsumme der n-ten Gruppierungsfolge. Wenn vorausgesetzt wird, daß sich die verschiedenen Gruppierungen auf das gleiche Werteschema der Tabelle 6 beziehen, so sind die rechten Seiten der Gleichungen (40) untereinander gleich, und je zwei aufeinanderfolgende Gruppierungen sind durch die Grundgleichung (41) verknüpft

(41) $$q_v^{(n-1)} = q_{gr}^{(n)} + q_v^{(n)},$$

die als Rekursionsformel für die Versuchsfehler-Quadratsummen benutzt werden kann. Die Rekursion braucht nicht bis zur nullfachen Gruppierung fortgesetzt zu werden - was nur zur üblichen Berechnung führen würde -, sondern kann bereits bei der einfachen oder zweifachen Gruppierung abgebrochen werden, da es auch für die einfache und zweifache Gruppierung direkte Bestimmungsgleichungen der Versuchsfehler-Quadratsummen gibt [14].

Versuchsfehler-Quadratsummen:

	Nullfache Gruppierung	$q_v^{(0)} = \sum_1^j \sum_1^k (x_{jk} - g)^2$
(42)	Einfache Gruppierung	$q_v^{(1)} = \sum_1^j \sum_1^k (x_{jk} - z_j)^2$
	Zweifache Gruppierung	$q_v^{(2)} = \sum_1^j \sum_1^k (x_{jk} - s_k) \cdot (x_{jk} - z_j)$

In den Gruppierungen von (42) hat der Grenzfall $q_v^{(n)} = 0$ folgende Bedeutung (s. S. 76):

---

14. s. K. BRÜCKER-STEINKUHL, Zur Anwendung der Varianzanalyse, Mitteilungsblatt für Math.Statistik, 5 (1953), S. 29

$q_v^{(0)} = 0$ $x_{jk} = g$ Alle Werte des Schemas sind einander gleich

$q_v^{(1)} = 0$ $q_v^{(0)} = q_{gr}^{(1)}$ $x_{jk} = z_j$ Alle Werte einer Zeile sind einander gleich

$q_v^{(2)} = 0$ $q_v^{(1)} = q_{gr}^{(2)}$ $x_{jk} - z_j = s_k - g$ Alle Zeilenschwankungen sind einander gleich; die Zeilenwerte bilden parallele Kurven

Division von (41) durch $q_{gr}^{(n)}$ führt zu (43)

(43)
$$\frac{q_v^{(n-1)}}{q_{gr}^{(n)}} = 1 + \frac{q_v^{(n)}}{q_{gr}^{(n)}}$$

Für den Quadratsummen-Quotienten (43), der als Prüfquotient bei n-facher Gruppierung benutzt wird, lassen sich nun leicht zwei Grenzwerte ableiten:

1. Grenzwert - Signifikanz

$$\frac{q_v^{(n-1)}}{q_{gr}^{(n)}} = 1 \quad \text{für} \quad q_v^{(n)} = 0$$

Wenn die Versuchsfehler-Quadratsumme der betrachteten n-fachen Gruppierung gleich Null wird, wenn also keine Zufallsreste in der Gruppierung auftreten, wird der Prüfquotient gleich 1.

2. Grenzwert - Nicht-Signifikanz

Bei Unabhängigkeit der statistischen Folgen in den Zeilen von Tabelle 6 kann für den Ausdruck

$$\frac{q_v^{(1)}}{q_{gr}^{(2)}}$$

und für praktisch großes k der Grenzwert j abgeleitet werden. Denn es ist

$$\frac{q_v^{(1)}}{q_{gr}^{(2)}} = \frac{\frac{1}{k-1} \cdot \sum_1^j \sum_1^k (x_{jk} - z_j)^2}{\frac{1}{k-1} \cdot j \cdot \sum_1^k (s_k - g)^2} = \frac{\sigma^2}{\sigma_M^2} = j \, ,$$

wobei σ^2 die mittlere Streuung der Folgen und σ_M^2 die Streuung des Mittelwerts der Folgen bedeuten. Da es ferner bei Unabhängigkeit statistischer

Folgen gleichgültig ist, in welcher Weise oder Richtung die Folgen zusammengefaßt sind, ist für Quadrate (j = k) $q_{gr}^{(n)} = q_{gr}^{(n-1)}$, und man erhält nach (43) den Grenzwert

$$\frac{q_v^{(n-1)}}{q_{gr}^{(n)}} = \frac{q_v^{(n-1)}}{q_{gr}^{(n-1)}} = \frac{q_v^{(n-2)}}{q_{gr}^{(n-1)}} - 1 = j - (n-2)$$

Im Fall n = 1 und für beliebiges j und k gilt

$$\frac{q_v^{(0)}}{q_{gr}^{(1)}} = 1 + \frac{q_v^{(1)}}{q_{gr}^{(1)}} = 1 + \frac{k-1}{j-1} \cdot \frac{q_v^{(1)}}{q_{gr}^{(2)}} = \frac{j \cdot k - 1}{j-1}$$

Der zweite Grenzwert läßt sich auch unmittelbar aus dem Quotienten der Streuungen gewinnen, da jede der verschiedenen Streuungen einen Schätzwert der Streuung der Grundgesamtheit darstellt, mithin im zweiten Grenzfall der Quotient der Quadratsummen gleich dem Quotienten der Freiheitsgrade sein muß. D.h. im ersten Grenzfall ist der Quotient der Quadratsummen und im zweiten Grenzfall der Quotient der Streuungen gleich 1.

In der Schreibweise von Gleichung (39) lauten die Quadratsummen-Quotienten der ein- bis vierfachen Gruppierung mit ihren Grenzwerten (j=k für n > 2)

(44) $$1 < \frac{q_v^{(0)}}{q_z} < \frac{j \cdot k - 1}{j-1} \quad \text{(Einf.Gr.)}, \quad 1 < \frac{q_v^{(1)}}{q_s} < j \quad \text{(Zweif.Gr.)},$$

$$1 < \frac{q_v^{(2)}}{q_\ell} < j - 1 \quad \text{(Dreif.Gr.)}, \quad 1 < \frac{q_v^{(3)}}{q_\gamma} < j - 2 \quad \text{(Vierf.Gr.)}$$

Der Zusammenhang des Quadratsummen-Quotienten mit dem Streuungsquotienten F ist gegeben durch (j = k für n ≠ 2)

(45) $$\frac{q_v^{(n-1)}}{q_{gr}^{(n)}} = \frac{j - (n-1)}{F} + 1$$

In den Grenzfällen des Quadratsummen-Quotienten - d.h. praktisch in einer Großzahl von Fällen - lassen sich auch ohne Kenntnis der z- und F-Verteilung zutreffende Urteile über die Bedeutsamkeit abgeben. Bei Anwendung der Varianzanalyse braucht man daher zunächst nur zu beurteilen, ob der Quotient (45) nahe bei 1 - Signifikanz - oder nahe bei j-(n-2) - Nicht-

Signifikanz - liegt; für dieses Urteil werden weder Freiheitsgrade und Streuungen noch theoretische Testwerte benötigt. In Tabelle 7 sind die kritischen Werte des Quotienten (45) im Bereich j = 3 - 8 zusammengestellt, wenn nämlich für F der theoretische Testwert F_{theor} eingesetzt wird. Die Werte der oberen Zeilen (P = 5 %) sind grob angenähert gleich $\frac{1}{2} \cdot \{j - (n-2)\}$, liegen also etwa in der Mitte zwischen den Grenzwerten. Nur dann, wenn der Quotient (45) in den Mittelbereich zwischen den Grenzwerten 1 und j - (n-2) fällt, d.h. wenn die Entscheidung zwischen wesentlich und zufällig kritischer wird, ist es notwendig, den F-Test anzuwenden. Der zu prüfende Wert F ergibt sich aus dem bereits berechneten Wert (45), indem man bildet

$$(46) \qquad F = \frac{j - (n-1)}{\dfrac{q_v^{(n-1)}}{q_{gr}^{(n)}} - 1}$$

und die dem Wert F_{theor} zugeordneten Freiheitsgrade lauten $n_1 = k - 1$, $n_2 = \{j - (n-1)\} \cdot (k-1) \cdot (j = k$ für $n \neq 2)$.

<u>T a b e l l e   7</u>

Werte des Ausdrucks $\dfrac{j - (n-1)}{F_{theor}} + 1$ für Quadrate (j = k)

und P = 5 % (oberer Wert), P = 1 % (unterer Wert)

Zeilen- und Spaltenzahl j = k	3	4	5	6	7	8
Zweifache Gruppierung	1,29 1,11	1,78 1,43	2,33 1,84	2,93 2,30	3,54 2,79	4,18 3,31
Dreifache Gruppierung	1,05 1,01	1,42 1,20	1,92 1,55	2,48 1,98	3,06 2,44	3,68 2,94
Vierfache Gruppierung	-	1,11 1,03	1,52 1,29	2,04 1,66	2,59 2,09	3,18 2,56

2. Die Quadratsummen-Quotienten der n Gruppierungsfolgen bei n-facher Gruppierung

Der Quotient (45) ist der Quadratsummen-Quotient der n-ten Gruppierungsfolge in n-facher Gruppierung. Da seine Grenzbedingungen - Fehlerfreiheit bzw. völlige Unabhängigkeit der Einzelwerte bei großem j bzw. k - praktisch nur angenähert erfüllt sind, müssen im allgemeinen auch die übrigen, bereits in Gruppierungen niederer Ordnung auftretenden Gruppierungsfolgen geprüft werden, und zwar unter Zugrundelegung des Zufallsrestes der n-fachen Gruppierung. Um für diese Gruppierungsfolgen zu entsprechenden Prüfquotienten zu gelangen, geht man wieder von der Grundgleichung (41) aus und führt in diese Gleichung den zu prüfenden Wert $q_{gr}^{(\xi)}$ ein mit $\xi = 1 \ldots n$ für die 1. bis n-te Gruppierungsfolge

$$(47) \quad \frac{q_v^{(n-1)} - q_{gr}^{(n)} + q_{gr}^{(\xi)}}{q_{gr}^{(\xi)}} = 1 + \frac{q_v^{(n)}}{q_{gr}^{(\xi)}}$$

Der erste Grenzwert dieses Quotienten ist gleich 1 mit $q_v^{(n)} = 0$ und der zweite Grenzwert ist gleich $j-(n-2)$ mit $q_{gr}^{(\xi)} = q_{gr}^{(n)} \cdot (j = k)$.

(47) stellt die allgemeine Bestimmungsgleichung des Quadratsummen-Quotienten dar; für $\xi = n$ geht (47) natürlich in (43) über. Für die praktische Rechnung bezieht man zweckmäßig den Quotienten (47) auf den bereits berechneten Quotienten (43) und erhält

$$(48) \quad \frac{q_v^{(n-1)} - q_{gr}^{(n)} + q_{gr}^{(\xi)}}{q_{gr}^{(\xi)}} = \frac{q_{gr}^{(n)}}{q_{gr}^{(\xi)}} \cdot \left(\frac{q_v^{(n-1)}}{q_{gr}^{(n)}} - 1\right) + 1$$

Im Beispiel der zweifachen und dreifachen Gruppierung lauten diese Quotienten:

Zweifache Gruppierung

$$(49) \quad \underset{\text{Spalte}}{\frac{q_v^{(1)}}{q_s}}, \quad \underset{\text{Zeile}}{\frac{q_s}{q_z} \cdot \left(\frac{q_v^{(1)}}{q_s} - 1\right) + 1} \quad \text{(Zweiter Grenzwert gleich k, falls } j \neq k\text{)}$$

Dreifache Gruppierung - Lateinisches Quadrat

$$(50) \quad \underset{\substack{\text{Lateinische} \\ \text{Buchstaben-Reihe}}}{\frac{q_v^{(2)}}{q_\ell}}, \quad \underset{\text{Spalte}}{\frac{q_\ell}{q_s} \cdot \left(\frac{q_v^{(2)}}{q_\ell} - 1\right) + 1}, \quad \underset{\text{Zeile}}{\frac{q_\ell}{q_z} \cdot \left(\frac{q_v^{(2)}}{q_\ell} - 1\right) + 1}$$

Formel (48) zeigt deutlich, daß in den extremen Grenzfällen durch den Quotienten $\frac{q_v^{(n-1)}}{q_{gr}^{(n)}}$ mit einem Schlage die ganze Gruppierung geprüft wird. Denn wenn $\frac{q_v^{(n-1)}}{q_{gr}^{(n)}}$ gleich 1 ist, werden die weiteren Quotienten ebenfalls gleich 1; das bedeutet, daß eben alle Folgen signifikant sein müssen, wenn in der betrachteten Gruppierung keine oder praktisch nur kleine Zufallsreste auftreten. Ferner ergibt sich bei Unabhängigkeit des ganzen quadratischen Wertschemas - $q_{gr}^{(\xi)} = q_{gr}^{(n)}$ -, daß die weiteren Quotienten auch an der oberen Grenze mit $\frac{q_v^{(n-1)}}{q_{gr}^{(n)}}$ zusammenfallen.

Alle Ausdrücke (48) - (50) werden wie Quotient (45) behandelt; d.h. nur im Mittelbereich zwischen 1 und j-(n-2) ist eine Anwendung des F-Testes erforderlich. Man setzt in diesem Falle in (46) für $\frac{q_v^{(n-1)}}{q_{gr}^{(n)}}$ die zahlenmäßig berechneten Quotienten (48) ein. Indem man die Formelwerte des Quotienten (48) einführt, erhält man aus (46) Formel (51) für Quadrate (j=k).

$$(51) \qquad F = \frac{j - (n-1)}{\frac{q_v^{(n-1)}}{q_{gr}^{(n)}} - 1} \cdot \frac{q_{gr}^{(\xi)}}{q_{gr}^{(n)}}$$

Die dem Wert F_{theor} zugeordneten Freiheitsgrade lauten $n_1 = j - 1$, $n_2 = \{j-(n-1)\} \cdot (j-1)$. Formel (51) wird zweckmäßig angewandt, wenn man nach Berechnung des Quotienten der n-ten Gruppierungsfolge ohne Berechnung der übrigen Quotienten zur F-Verteilung übergehen will.

Für das Beispiel des Lateinischen Quadrats ergeben sich nach (51) die Ausdrücke

$$(52) \qquad \text{Lateinische Buchstaben-Reihe} \qquad F = \frac{j - 2}{\frac{q_v^{(2)}}{q_\ell} - 1}$$

$$\text{Spalte} \qquad F = \frac{j - 2}{\frac{q_v^{(2)}}{q_\ell} - 1} \cdot \frac{q_s}{q_\ell}$$

Forschungsberichte des Wirtschafts- und Verkehrsministeriums Nordrhein-Westfalen

(52)
$$\text{Zeile} \quad F = \frac{j-2}{\dfrac{q_v^{(2)}}{q_\ell} - 1} \cdot \frac{q_z}{q_\ell}$$

$$\text{mit} \quad n_1 = j-1, \quad n_2 = (j-2) \cdot (j-1)$$

Bei zweifacher Gruppierung mit verschiedenem j und k sind ferner die Prüfwerte anzuwenden

(53)
$$\text{Spalte} \quad F = \frac{j-1}{\dfrac{q_v^{(1)}}{q_s} - 1} \qquad \text{mit } n_1 = k-1, \quad n_2 = (j-1)\cdot(k-1)$$

$$\text{Zeile} \quad F = \frac{k-1}{\dfrac{q_v^{(1)}}{q_s} - 1} \cdot \frac{q_z}{q_s} \qquad \text{mit } n_1 = j-1, \quad n_2 = (j-1)\cdot(k-1)$$

Das Prüfverfahren des Quadratsummen-Quotienten ist besonders vorteilhaft und einfach dann, wenn bei mehrfacher Gruppierung nur eine einzige Gruppierungsfolge zu prüfen ist. Solche Fälle liegen z.B. bei zwei- und dreifacher Gruppierung vor, wenn die Einflüsse von Faktoren in Zeilenrichtung bzw. in Zeilen- und Spaltenrichtung nur eliminiert, nicht aber untersucht werden sollen. Man benötigt hierbei für die gesamte Auswertung jeweils nur einen Quotienten mit zwei Quadratsummen.

Bei der Berechnung der Quadratsummen werden stets die Differenzen von Einzelwerten und nicht die Einzelwerte selbst benutzt. Verglichen mit der üblichen Methode, läßt sich daher der Stellenaufwand erheblich herabsetzen, da bei gleicher Genauigkeit des Endresultates der prozentische Fehler der Differenzen angenähert um den Faktor $\dfrac{x}{x-g}$ größer sein darf als der prozentische Fehler der Einzelwerte.

Um die praktische Rechnung zu erleichtern, empfiehlt es sich oft, vor Anwendung der Varianzanalyse die Einzelwerte x_{jk} mit einem konstanten Faktor a (Zehnerpotenz) zu multiplizieren und von dem Produkt eine weitere Konstante b (Zehnerpotenz oder kleinste Zahl $a \cdot x_{jk}$) abzuziehen. Die Differenzbildung ist unabhängig von b, und der Faktor a hebt sich bei der Quotientenbildung der Quadratsummen heraus; es ist daher erlaubt, alle Werte x_{jk} durch $(a \cdot x_{jk} - b)$ zu ersetzen.

Forschungsberichte des Wirtschafts- und Verkehrsministeriums Nordrhein-Westfalen

3. Prüfung von Untergruppen

Im Anschluß an die Gruppenanalyse können, was häufig interessiert, einzelne Reihendurchschnitte oder Mittelwerte mehrerer Reihendurchschnitte untereinander verglichen werden; unter dem Begriff Reihen seien hier Spalten und Lateinische Buchstaben-Reihen zusammengefaßt. Bei der Methode der orthogonalen Vergleiche faßt man jeweils mehrere Reihendurchschnitte zu neuen Vergleichswerten zusammen. Die Prüfung läßt sich auf folgende einfache Form bringen. Man bildet die Ausdrücke

(54)
$$\text{Zweifache Gruppierung} \quad s_1^2 = \frac{q_v^{(1)} - q_s}{(j-1)\cdot(k-1)}$$

$$\text{Dreifache Gruppierung - Lateinisches Quadrat} \quad s_1^2 = \frac{q_v^{(2)} - q_\ell}{(j-1)\cdot(j-2)}$$

sowie

(55)
$$s_2^2 = j \cdot \frac{(M_1 - M_2)^2}{\frac{1}{h_1} + \frac{1}{h_2}}$$

und prüft mittels F-Verteilung die Streuungsquotienten

Zweifache Gruppierung
(Spalten)

(56)
$$F = \frac{s_2^2}{s_1^2} = \frac{h_1 \cdot h_2 \cdot j \cdot (j-1) \cdot (k-1)}{h_1 + h_2} \cdot \frac{(M_1 - M_2)^2}{q_v^{(1)} - q_s}$$

$$\text{mit} \quad n_1 = 1, \quad n_2 = (j-1)\cdot(k-1)$$

Dreifache Gruppierung - Lateinisches Quadrat
(Lateinische Buchstaben-Reihen)

(57)
$$F = \frac{s_2^2}{s_1^2} = \frac{h_1 \cdot h_2 \cdot j \cdot (j-1) \cdot (j-2)}{h_1 + h_2} \cdot \frac{(M_1 - M_2)^2}{q_v^{(2)} - q_\ell}$$

$$\text{mit} \quad n_1 = 1, \quad n_2 = (j-2)\cdot(j-1)$$

In (55), (56), (57) bedeuten

h_1 bzw. h_2 - Zahl der Reihendurchschnitte des einen
M_1 bzw. M_2 - Mittelwert bzw. anderen Vergleichsteiles

Die Werte h_1, h_2 müssen bestimmten Orthogonalitätsbedingungen genügen, die an Hand eines Beispiels erläutert seien (s. Abschnitt 5a). In Tabelle 8 entsprechen die Spalten 1 - 5 den Spaltendurchschnitten s_k gemäß Tabelle 6 und die Zeilen a - d den orthogonalen Vergleichen. Jedem Tabellenplatz werden positive und negative Zahlen z so zugeordnet, daß die Summe aller Zahlen in einer Zeile gleich Null ist, ebenso die Summe aller Produkte, die zeilenweise aus je zwei übereinanderstehenden Zahlen gebildet sind.

Tabelle 8

Spaltendurchschnitt Vergleich	1	2	3	4	5
a	+3	-2	-2	-2	+3
b	0	+1	-2	+1	0
c	+1	0	0	0	-1
d	0	+1	0	-1	0

(58) $\quad \sum_{1}^{k} z(a,k) = 0 \quad \sum_{1}^{k} z(b,k) = 0 \quad \sum_{1}^{k} z(a,k) \cdot z(b,k) = 0$

usw.

Die Zahlen z sind für den Vergleichsteil 1 gleich $(+h_2)$ und für den Vergleichsteil 2 gleich $(-h_1)$. Die Vergleiche a - d nach Tabelle 8 sind so ausgewählt, daß allen diesen Bedingungen entsprochen wird. Die Zahl der orthogonalen Vergleiche ist gleich (k-1). Die Rechnung kann mittels der Beziehung

$$q_s \text{ bzw. } q_\ell = \sum s_2^2 \quad \text{für alle orthogonalen Vergleiche}$$

kontrolliert werden.

Wenn jeweils zwei Reihendurchschnitte miteinander verglichen werden sollen, benützt man ebenfalls die Formeln (54) - (57) mit $h_1 = h_2 = 1$. Diese Prüfung kann bei beliebigen Kombinationen von Reihendurchschnitten angewandt werden und ist identisch mit der Prüfung der t-Verteilung.

4. Sequentialverfahren in der Varianzanalyse

Die varianzanalytische Prüfung ergibt u. U. für eine bestimmte, kleine Zahl von Versuchsreihen Nicht-Signifikanz der Gruppenunterschiede, während die Fortsetzung der Versuche und Vergrößerung der Reihenzahl zum Ergebnis: Signifikanz der Gruppenunterschiede führt - und umgekehrt. Es erhebt sich die Frage, bei welcher Reihenzahl man vernünftigerweise das Ergebnis als endgültige Entscheidung annehmen und die Versuche abbrechen soll.

In einer kürzlich erschienenen Arbeit von JOHNSON [15] werden Sequentialmethoden unter bestimmten Voraussetzungen auf die Varianzanalyse angewandt; für den einfachsten Fall der Varianzanalyse, die einfache Gruppierung, wird ein praktisches Folgeverfahren angegeben. Die Voraussetzungen sind: Als Versuchsmodell gilt

$$(59) \qquad x_{jk} = a + u_k + z_{jk}$$

wobei die u-Werte Variable mit dem Erwartungswert 0 und der Standardabweichung σ_R sind; es ist zu unterscheiden zwischen den Hypothesen

$$H'_R: \delta = \delta' \quad \text{und} \quad H''_R: \delta = \delta'' \quad \text{mit} \quad \delta = \frac{\sigma_R^2}{\sigma^2}.$$

Das Probenverfahren wird fortgesetzt, falls

$$(60) \qquad \underline{G}_R < G < \bar{G}_R$$

und abgebrochen, falls G die Werte $\underline{G}_R$ bzw. $\bar{G}_R$ unter- bzw. überschreitet. $\underline{G}_R$ und $\bar{G}_R$ sind gewisse, zahlenmäßig berechnete Prüfwerte, die von α, β, δ', δ'', j und k abhängen. Da die Prüfgröße

$$G = \frac{j \cdot \sum_{1}^{k}(s_k - g)^2}{\sum_{1}^{j}\sum_{1}^{k}(x_{jk} - s_k)^2} = \frac{q_s}{q_v^{(0)} - q_s} = \frac{q_s}{q_v^{(1)} + q_z - q_s}$$

ist, kann statt der Ungleichung (60) geschrieben werden

$$(61) \qquad \frac{1}{\bar{G}_R} + 1 < \frac{1}{G} + 1 = \frac{q_v^{(0)}}{q_s} = \frac{q_v^{(1)} + q_z}{q_s} < \frac{1}{\underline{G}_R} + 1.$$

---

15. N.L. JOHNSON, Some notes on the application of sequential methods in the analysis of variance, Annals of Math.Stat., 24 (1953), S. 614

Der Prüfquotient $\dfrac{q_v^{(0)}}{q_s}$ bezieht sich hierbei auf Unterschiede der Spalten-Mittelwerte. In (44) (Einf.Gr.) ist daher sinngemäß z und s bzw. j und k zu vertauschen, und man erhält als Ungleichung entsprechend (44)

$$(62) \qquad 1 < \frac{q_v^{(0)}}{q_s} < \frac{j \cdot k - 1}{k-1} \qquad \left(\begin{array}{l}\text{Einf.Gr.-Zeilen und}\\ \text{Spalten vertauscht}\end{array}\right)$$

In (62) gilt der Grenzwert $\dfrac{j \cdot k - 1}{k-1}$ für praktisch großes j und k. Einige nach $\underline{G}_R$ und $\bar{G}_R$ umgerechnete Zahlenwerte für $\dfrac{1}{\bar{G}_R} + 1$ und $\dfrac{1}{\underline{G}_R} + 1$ sind in Tabelle 9 (siehe Seite 86) angegeben.

Alle Werte von $\dfrac{1}{\bar{G}_R} + 1$ sind größer als der Grenzwert 1 nach (62), und die unterhalb der Treppenlinie liegenden Werte $\dfrac{1}{\underline{G}_R} + 1$ sind kleiner als der Grenzwert $\dfrac{j \cdot k - 1}{k-1}$ nach (62), wie für größere Werte von j und k zu erwarten.

Zur praktischen Folgeprüfung (Einfache Gruppierung, Spalten-Mittelwerte) berechnet man den Quotienten

$$\frac{q_v^{(0)}}{q_s} = \frac{q_v^{(1)} + q_z}{q_s}.$$

Falls der Quotient die Ungleichung (61) erfüllt, wird das Verfahren fortgesetzt, d.h. in jeder Spalte werden ein oder mehrere Versuchswerte hinzugefügt. Der Versuch wird mit der Entscheidung Signifikanz bzw. Nicht-Signifikanz abgebrochen, falls der Quotient die Folge-Prüfwerte

$$\frac{1}{\bar{G}_R} + 1 \qquad \text{bzw.} \qquad \frac{1}{\underline{G}_R} + 1$$

unter- bzw. überschreitet.

5. Praktische Beispiele

a) Zweifache Gruppierung - Untersuchung von Bandstahl

An die Genauigkeit der Abmessungen von Bandstahl werden zum Teil erhebliche Anforderungen gestellt. Im allgemeinen ist die Dicke in der Mitte des Bandes am größten und nimmt nach den Kanten zu ab. Es ist zu prüfen, ob und welche Profilunterschiede, verglichen mit den Zufallsschwankungen längs und quer zum Bande, als wesentlich zu betrachten sind.

An einem Band von 80 mm Breite wurden an mehreren über die Bandlänge verteilten Stellen und in gleichen Abständen von der Kante die Dicken in mm

Tabelle 9
$$\delta'' = 1, \quad \delta' = 0, \quad \alpha = \beta = 0{,}05$$

$\frac{1}{G_R} + 1$

j \ k	3	4	5	6	7	8
3	1,13	1,25	1,34	1,42	1,48	1,52
4	1,42	1,57	1,68	1,76	1,83	1,88
5	1,70	1,86	1,99	2,08	2,15	2,21
6	1,96	2,15	2,28	2,38	2,46	2,52
8	2,47	2,68	2,84	2,95	3,03	3,1
10	2,95	3,19	3,36	3,48	3,57	3,65
15	4,1	4,38	4,57	4,7	4,82	4,89
20	5,19	5,5	5,72	5,85	5,97	6,05
30	7,25	7,63	7,85	8,0	8,14	8,25

$\frac{1}{G_R} + 1$

j \ k	3	4	5	6	7	8
3	–	–	–	12,64	6,56	4,9
4	–	–	28	8,94	6,15	5,01
5	–	–	16,16	8,3	6,26	5,31
6	–	–	13,5	8,25	6,52	5,65
8	–	39,45	12,38	8,64	7,17	6,35
10	–	27,35	12,5	9,26	7,85	7,06
15	–	23,2	13,82	10,9	9,55	8,75
20	251	23,7	15,5	12,64	11,2	10,35
30	92	26,6	18,9	15,92	14,16	13,2

Forschungsberichte des Wirtschafts- und Verkehrsministeriums Nordrhein-Westfalen

gemessen; die Meßgenauigkeit betrug 0,005 mm. Um einfache Zahlen zu erhalten, wurde jeder Meßwert mit 1000 multipliziert und von dem Ergebnis 935 abgezogen. Die Werte $(1000 \cdot x_{jk} - 935)$ sind in Tabelle 10 eingetragen. Zeilen und Spalten von Tabelle 10 entsprechen den Meßpunkten längs und quer zum Bande [16].

Tabelle 10

Spalte Zeile	1 Δ	2 Δ	3 Δ	4 Δ	5 Δ	Durchschnitt Zeile z_j
1	0 -41	50 + 9	65 +24	60 +19	30 -11	41
2	35 -27	70 + 8	80 +18	75 +13	50 -12	62
3	30 -37	80 +13	85 +18	85 +18	55 -12	67
Durchschnitt Spalte s_k	21,7 -35	66,7 +10	76,7 +20	73,3 +16,6	45 -11,7	56,7

Man bildet die Zeilen- und Spaltendurchschnitte sowie den Gesamt-Durchschnitt - am rechten und unteren Rande der Tabelle eingetragen -, ferner die Abweichungen der Einzelwerte von den Zeilendurchschnitten und der Spaltendurchschnitte vom Gesamt-Durchschnitt - rechts neben den Werten der Tabelle unter Δ eingetragen. Die Rechnung wird in drei Schritten durchgeführt:

1) Versuchsfehler-Quadratsumme der einfachen Gruppierung gleich Summe aller Abweichungsquadrate der Einzelwerte - nach (42) -

$$q_v^{(1)} = 41^2 + 9^2 + \ldots + 18^2 + 12^2 = 6580$$

2) Quadratsumme (Spalten) gleich Summe aller Abweichungsquadrate der Spaltendurchschnitte, multipliziert mit der Zeilenzahl j - nach (38) -

$$q_s = 3 \cdot (35^2 + \ldots + 11,7^2) = 6412,35$$

---

16. Tabelle 10 entspricht dem Zahlenbeispiel von I, Abbildung 8

3) Quadratsummen-Quotient - nach (44) -

$$\frac{q_v^{(1)}}{q_s} = \frac{6580}{6412,35} = 1,026 \quad - \quad \text{nahe bei 1}$$

Ergebnis: Die Unterschiede der Spaltendurchschnitte sind wesentlich, d.h. die Verjüngung des Bandprofils von der Mitte nach den Kanten kann als gesichert gelten.

Anschließend lassen sich verschiedene Vergleiche von Profilpunkten durchführen. Für den Vergleich d von Tabelle 8 - Spaltendurchschnitt 2 verglichen mit Spaltendurchschnitt 4 - erhält man z.B. nach (56)

$$F = \frac{3 \cdot (3-1) \cdot (5-1)}{2} \cdot \frac{6,6^2}{167,65} = 3,12 < F_{theor} = \frac{5,32}{11,26}$$

mit $n_1 = 1$, $n_2 = 2 \cdot 4 = 8$

Ergebnis: Die Unterschiede zwischen den Profilpunkten 2 und 4 sind nicht wesentlich.

Wenn die Versuchsfehler-Quadratsumme $q_v^{(2)} = q_v^{(1)} - q_s$ angenähert gleich Null ist, so kann die Varianzanalyse in einfacher statt in zweifacher Gruppierung durchgeführt werden. Für das Zahlenbeispiel von Tabelle 1o ergibt sich entsprechend (62) (Einfache Gruppierung, Spalten-Mittelwerte) ebenfalls Signifikanz mit $1 < 1,32 < 3,5$.

Anmerkung zu Abschnitt 5 a:

Um das hier angegebene vereinfachte Rechenverfahren mit dem üblichen Rechenverfahren vergleichen zu können, wird im folgenden das praktische Beispiel von Abschnitt 5a in der üblichen Weise durchgerechnet. Tabelle 1o a enthält die gleichen Einzelwerte wie Tabelle 1o.

Tabelle 10a

Spalte / Zeile	1	2	3	4	5	Zeilen-Summe
1	o	5o	65	6o	3o	2o5
2	35	7o	8o	75	5o	31o
3	3o	8o	85	85	55	335
Spalten-Summe	65	2oo	23o	22o	135	85o

Die Zeilen- und Spaltensummen sowie die Gesamtsumme aller Einzelwerte sind am rechten und unteren Rande der Tabelle 10a eingetragen. Die Rechnung verläuft in folgenden acht Schritten:

1) Korrektionsglied gleich Quadrat der Gesamtsumme, dividiert durch Zahl aller Einzelwerte

$$850^2/15 = 48\,166,7$$

2) Quadratsumme (Gesamt) gleich Summe der Quadrate aller Einzelwerte, vermindert um das Korrektionsglied

$$(0^2 + 50^2 + \ldots + 85^2 + 55^2) - 48\,166,7 = 56\,650 - 48\,166,7 = 8483,3$$

3) Quadratsumme (Zeilen) gleich Summe der Quadrate aller Zeilensummen, dividiert durch die Spaltenzahl und vermindert um das Korrektionsglied

$$(205^2 + 310^2 + 335^2)/5 - 48\,166,7 = 250\,350/5 - 48\,166,7 = 1903,3$$

4) Quadratsumme (Spalten) gleich Summe der Quadrate aller Spaltensummen, dividiert durch die Zeilenzahl und vermindert um das Korrektionsglied

$$(65^2 + 200^2 + \ldots + 135^2)/3 - 48\,166,7 = 163\,750/3 - 48\,166,7 = 6416,6$$

5) Versuchsfehler-Quadratsumme nach 2) bis 4)

$$8483,3 - (1903,3 + 6416,6) = 163,4$$

6) Freiheitsgrade - Gesamt: $j \cdot k - 1 = 14$, Zeile: $j-1 = 2$, Spalte: $k-1 = 4$, Versuchsfehler: $(j-1) \cdot (k-1) = 8$.

7) Varianztabelle

Art der Streuung	Quadrat-summe	Freiheits-grad	$\dfrac{\text{Quadratsumme}}{\text{Freiheitsgrad}} = \left(\dfrac{\text{Streuung}}{\text{Schätzwert}}\right)$
Zwischen Zeilen	1903,3	2	951,7
Zwischen Spalten	6416,6	4	1604,2
Versuchsfehler (Rest)	163,4	8	20,4
Gesamt	8483,3	14	

8) Anwendung des F-Testes

$$F = \frac{1604,2}{20,4} = 78,64 > F_{theor} = \begin{matrix} 3,84 \\ 7,01 \end{matrix}$$

mit $n_1 = 4$, $n_2 = 8$

Ergebnis: Die Unterschiede der Spaltendurchschnitte sind wesentlich.

Nach Formel (45) läßt sich berechnen

$$\frac{q_v^{(1)}}{q_s} = \frac{j-1}{F} + 1 = \frac{2}{78,64} + 1 = 1,0254$$

Der nach Tabelle 10 berechnete Wert 1,026 unterscheidet sich von diesem Wert 1,0254 nur um 0,0006.

b) Dreifache Gruppierung im Lateinischen Quadrat - Maschinenversuch

Im Lateinischen Quadrat werden die zu untersuchenden Arten einer Größe, gekennzeichnet durch Lateinische Buchstaben A, B, C usw., so über das Tabellenfeld verteilt, daß jeder Buchstabe gerade einmal in jeder Spalte und Zeile vorhanden ist. Durch diese Anordnung des Lateinischen Quadrats wird erreicht, daß sich der Einfluß von drei Größen oder der Einfluß von einer Größe unter Elimination des Einflusses zweier anderer Größen mit denkbar geringem Aufwand untersuchen läßt. Man geht bei der Verteilung der Lateinischen Buchstaben über das Tabellenfeld zweckmäßig von einem regelmäßigen Lateinischen Quadrat nach Tabelle 11 aus, in dem die Lateinischen Buchstaben alphabetisch angeordnet und je Zeile um einen Buchstaben nach rechts verschoben sind, und vertauscht beliebig, d.h. zufallsmäßig Spalten und Zeilen untereinander. In dieser Weise ist die Anordnung der Tabelle 12 für fünf Buchstaben A - E entstanden.

T a b e l l e 11

Spalte Zeile	1	2	3	4	5
1	A	B	C	D	E
2	E	A	B	C	D
3	D	E	A	B	C
4	C	D	E	A	B
5	B	C	D	E	A

T a b e l l e 12

Spalte Zeile	1	2	3	4	5
1	A	E	C	D	B
2	D	C	A	B	E
3	C	B	E	A	D
4	B	A	D	E	C
5	E	D	B	C	A

Es sei nunmehr die Aufgabe gestellt, fünf verschiedene Maschinen auf ihre Güte zu beurteilen; es wird vermutet, daß die Güte außer von der Maschinenart von der Bedienung und von der Tageszeit (Temperatur) abhängt. Die beiden letzteren Einflüsse sollen nur eliminiert werden, da es allein auf die Beurteilung der Maschinenart ankommt. In Tabelle 12 entsprechen demgemäß die Zeilen verschiedenen Tageszeiten und die Spalten verschiedenen Personen. D.h. die Maschine A wird zur Tageszeit 1 von der Person 1, zur Tageszeit 2 von der Person 3 bedient usw. Die an den Maschinen gemessenen Werte - z.B. Abmessungen der Erzeugnisse - werden in einer der Tabelle 12 entsprechenden Tabelle 13 zusammengestellt. (Das Zahlenbeispiel von Tab.13 ist konstruiert.)

Tabelle 13

Spalte Zeile	1 Δ_s Δ_z	2 Δ_s Δ_z	3 Δ_s Δ_z	4 Δ_s Δ_z	5 Δ_s Δ_z	Durchschnitt Zeile z_j
1	79 +17,6 +14	53 - 8,4 -10,4	70 + 8,6 + 8,4	51 -10,4 -13	54 - 7,4 -2,8	61,4
2	55 - 9,8 -10	78 +13,2 +14,6	83 +18,2 +21,4	58 - 6,8 - 6	50 -14,8 -6,8	64,8
3	63 - 0,6 - 2	61 - 2,6 - 2,4	57 - 6,6 - 4,6	80 +16,4 +16	57 - 6,6 +0,2	63,6
4	65 + 3 0	76 +14 +12,6	47 -15 -14,6	66 + 4 + 2	56 - 6 -0,8	62
5	63 + 4 - 2	49 -10 -14,4	51 - 8 -10,6	65 + 6 + 1	67 + 8 +10,2	59
Durchschnitt Spalte s_k	65	63,4	61,6	64	56,8	62,2

Man bildet, wie in Tabelle 10, die Zeilen- und Spaltendurchschnitte sowie den Gesamt-Durchschnitt, ferner die Abweichungen der Einzelwerte von den Zeilen- und Spaltendurchschnitten - rechts neben den Einzelwerten unter Δ_s, Δ_z eingetragen. Man entnimmt weiter aus Tabelle 13 nach dem Schema von Tabelle 12 die Werte der verschiedenen Maschinen A - E und bildet ihre Durchschnitte (s. Tabelle 14).

Tabelle 14

Maschine Wert	A	B	C	D	E	
1	79	54	70	51	53	
2	83	58	78	55	50	
3	80	61	63	57	57	
4	76	65	56	47	66	
5	67	51	65	49	63	
Durchschnitt Maschine	77 +14,8	57,8 -4,4	66,4 + 4,2	51,8 -10,4	57,8 -4,4	62,2

Die Abweichungen der Maschinen-Durchschnitte vom Gesamt-Durchschnitt sind rechts neben den Durchschnitten in Tabelle 14 eingetragen. Die Rechnung wird wieder in drei Schritten durchgeführt:

1) Versuchsfehler-Quadratsumme der zweifachen Gruppierung gleich Summe aller Produkte der zugehörigen Zeilen- und Spaltenabweichungen - nach (42) -

$$q_v^{(2)} = (+14) \cdot (+17,6) + (-10,4) \cdot (-8,4) + \ldots + (+10,2) \cdot (+8)$$
$$= 2398,3$$

2) Quadratsumme (Lateinische Buchstaben-Reihen) gleich Summe aller Abweichungsquadrate der Reihendurchschnitte, multipliziert mit der Zeilenzahl j - nach (38) -

$$q_\ell = 5 \cdot (14,8^2 + \ldots + 4,4^2) = 1917,8$$

3) Quadratsummen-Quotient - nach (44) -

$$\frac{q_v^{(2)}}{q_\ell} = \frac{2398,3}{1917,8} = 1,25 \quad - \text{ nahe bei 1}$$

Ergebnis: Die verschiedenen Maschinen A - E unterscheiden sich wesentlich nach der Güte ihrer Produkte.

Falls man die Berechnung von Quadraten anstatt von Produkten vorzieht, bestimmt man nach (41) $q_v^{(2)} = q_v^{(1)} - q_s$, wobei $q_v^{(1)}$ und q_s entsprechend Beispiel a, Tabelle 10 zu rechnen sind.

Wenn auch die Spaltendurchschnitte geprüft werden sollen, so ist zu bilden:

Quadratsumme (Spalten) gleich Summe aller Abweichungsquadrate der Spaltendurchschnitte, multipliziert mit der Zeilenzahl j - nach (38) -

$$q_s = 5 \cdot (2,8^2 + \ldots + 5,4^2) = 210,2$$

Quadratsummen-Quotient - nach (50) -

$$\frac{q_\ell}{q_s} \cdot \left(\frac{q_v^{(2)}}{q_\ell} - 1\right) + 1 = \frac{1917,8}{210,2} \cdot 0,25 + 1 = 3,28 \quad - \text{ nahe bei } 4 = j-1$$

Ergebnis: Die Unterschiede zwischen den Spaltendurchschnitten sind nicht wesentlich.

Anwendung des F-Testes nach (52) ergibt übereinstimmend hiermit

$$F = \frac{3}{0,25} \cdot \frac{210,2}{1917,8} = 1,315 < F_{theor} = \begin{matrix} 3,26 \\ 5,41 \end{matrix}$$

mit $n_1 = 4$, $n_2 = 3 \cdot 4 = 12$.

Bei der Berechnung der Durchschnitte, Quadrate und Produkte in den Beispielen a und b ist überall nach der ersten Dezimale abgebrochen; trotzdem liegen die Abweichungen vom exakten Ergebnis, wie es z.B. nach der üblichen Methode mit erheblich größerem Rechenaufwand gewonnen wird, unter 1 %. Diese Genauigkeit von 1 % ist praktisch mehr als ausreichend, vor allem, wenn man berücksichtigt, daß der Unterschied der Vergleichswerte im Endergebnis meist einige 1o oder 1oo Prozent beträgt. Man kann daher auch für eine erste und rasche Information eine weitere Stelle einsparen, indem man die Durchschnitte auf die gleiche Stellenzahl wie die Einzelwerte bringt. Im vorliegenden Falle b ergibt sich hiernach z.B. für den Prüfquotienten 1,29 statt 1,25; und der zusätzliche Fehler beträgt nicht mehr als 3,2 %.

6. Zusammenfassung

Bei zweidimensionaler Anordnung der Merkmalwerte lassen sich die verschiedenen Gruppierungen - ein- und zweifache Gruppierungen ohne Einschränkung sowie drei- und mehrfache Gruppierungen bei Quadraten - hinsichtlich ihrer Quadratsummen aufeinander beziehen. Diese bisher nicht beachteten elementaren Zusammenhänge führen zu Abkürzungen des Rechenverfahrens bei Anwendung der Varianzanalyse. Man benötigt zur Analyse in den wichtigsten Fällen meist nur zwei Quadratsummen. Die Prüfung des angegebenen Quadratsummen-Quotienten stellt eine Prüfung daraufhin dar, ob die Gruppen-Quadratsumme der n-ten Gruppierungsfolge bei n-facher Gruppierung mit der Rest- oder Fehler-Quadratsumme der (n-1)-fachen Gruppierung übereinstimmt. Stimmen beide Quadratsummen überein, so können für die neue Gruppierung keine Zufallsreste übrigbleiben, und das Prüfergebnis ist wesentlich. Weichen sie aber um einen Faktor $j-(n-2)$ voneinander ab, so weist die neue Gruppierung erhebliche Zufallsreste auf, die völliger Unabhängigkeit der Gruppierungsfolgen entsprechen, und das Prüfergebnis ist zufällig oder nicht-wesentlich. Wenn ferner der Quadratsummen-Quotient in den Mittelbereich zwischen 1 und $j-(n-2)$ fällt, so wird der Quotient nach einfacher Umwandlung mittels der F-Verteilung geprüft. Auch für die übrigen (n-1) Gruppierungsfolgen lassen sich unter Zugrundelegung des Zufallsrestes der n-fachen Gruppierung Prüfquotienten angeben. Für die Ableitung der Zusammenhänge wird nur der Satz von der Additivität der Quadratsummen und die Streuungsformel für Mittelwerte statistischer Folgen benutzt. Die

Grenzwerte der Quadratsummen-Quotienten gelten daher unabhängig von der Voraussetzung der Normalität der zugrunde liegenden Gesamtheit.

VI. Wirtschaftliche Bedeutung

Anhand der in Teil I - III behandelten Verfahren sollen einige konkrete Angaben über die wirtschaftliche Bedeutung mathematisch-statistischer Verfahren gemacht werden. Mathematisch-statistische Verfahren können in folgender Weise zu wirtschaftlichem Nutzen führen:

a) Steigerung der Produktion und Ersparnis an Lohnkosten,
b) Verbesserung der Qualität,
c) Vereinfachung von Prüfverfahren und Ersparnis an Prüfkosten.

a) Ersparnis an Lohnkosten bei Steigerung der Produktion

Bei Untersuchung von Schleifverfahren konnte nachgewiesen werden (III), daß die Produktion um 50 % erhöht werden kann. Das bedeutet je Maschine eine Ersparnis von 100 Lohnstunden monatlich.

b) Verbesserung der Qualität

Qualitätsverbesserungen haben einen erheblichen wirtschaftlichen Wert; dieser Wert läßt sich jedoch nicht leicht in Zahlen ausdrücken. Qualitätsverbesserungen wirken sich aus in einer Verringerung von Reklamationen, entweder innerhalb des Betriebes zwischen den verschiedenen Fabrikationsabteilungen oder außerhalb des Betriebes zwischen Erzeuger und Abnehmer. Qualitätsverbesserungen bedeuten, daß schärfere Toleranzbedingungen eingehalten werden können (s. z.B. II und III), daß Aufträge angenommen werden können, die ohne Gütesteigerung nicht erledigt werden könnten oder zu deren Erledigung besondere Aufwendungen nötig wären. Qualitätsverbesserungen sind ferner bei scharfen Toleranzbedingungen mit einer Verringerung an Ausschuß verbunden (s. z.B. II, Abb. 19).

c) Vereinfachung von Prüfverfahren und Ersparnis an Prüfkosten

Die Prüfung eines Bandstahlringes (Band von 80 - 100 m Länge) erfordert beim Abnehmer etwa 20 min und beim Erzeuger etwa 7 min Prüfzeit. Die für Abnehmer und Erzeuger unterschiedliche Prüfzeit erklärt sich dadurch, daß beim Abnehmer jeder Bandstahlring zur Prüfung mittels Haspelvorrichtung ab- und aufgewickelt werden muß, während beim Erzeuger die Ringe auf dem Prüftisch geprüft werden können. In der bisher beim Abnehmer üblichen Prüfform wurden an jedem fünften Ring einer Lieferung mehr als 100 Meßwerte aufgenommen. Dies Verfahren ist jedoch grundsätzlich falsch, kann daher auch nicht zu Vergleichszwecken herangezogen werden. Würde man nach diesem Verfahren jeden einzelnen Ring durchprüfen, so wäre jedenfalls ein Mehrfaches der oben angegebenen Prüfzeit von 20 min je Ring erforderlich.

Wie in Teil II angegeben, kann das vereinfachte statistische Prüfverfahren des Erzeugers auf die Prüfung von 50 % aller Ringe beschränkt werden; es braucht durch den Erzeuger also nicht jeder, sondern im Durchschnitt nur jeder zweite Ring geprüft zu werden. In der bisher beim Erzeuger üblichen Prüfform werden jeweils mehrere Meßwerte an den Enden der Bandstahlringe aufgenommen. Das vereinfachte statistische Prüfverfahren dürfte etwa den gleichen Prüfaufwand erfordern wie dieses empirische und rohe Verfahren. Es besitzt aber den Vorteil erheblich größerer Genauigkeit und Zuverlässigkeit, da die Resultate auf wissenschaftlicher Grundlage beruhen, d.h. statistisch gesichert sind. Die Anwendung des vereinfachten Prüfverfahrens ist daher mit einer entsprechenden Gütesteigerung verbunden.

Ganz erhebliche Prüfkosten ließen sich ferner einsparen, wenn den Lieferungen des Erzeugers an die Abnehmer die im Kaltwalzwerk aufgezeichneten Kontrollkarten beigegeben würden. In diesem Falle wären sämtliche weiteren Prüfungen seitens der Abnehmer überflüssig. Ein Verbraucher mit einem Verbrauch von nur 15 t hochwertigen Bandstahls gleich 300 Ringen monatlich (Beispiel Tiefziehband für eine Kettenfabrik) erspart hiernach bei zwei Mann Bedienungspersonal $2 \cdot 300 \cdot 20 = 12\,000$ min $= 200$ Lohnstunden monatlich. Zur Errechnung der Gesamt-Ersparnis für ein einziges Kaltwalzwerk müßte die angegebene Summe mit der Zahl der Abnehmer multipliziert werden.

Diese wirtschaftlich wichtige Kontrollkartenmethode, die sich im Ausland bereits in ähnlichen Fällen bewährt hat, stößt vorläufig noch auf Widerstände. Seitens der Produzenten bestehen nämlich einige Bedenken, daß auf Grund solcher Werksbescheinigungen die Anforderungen durch die Abnehmer sofort erhöht würden, daß man sich also unnötigerweise selbst Ketten anlegen würde. Die Kontrollkartenmethode setzt natürlich eine entsprechende Zusammenarbeit zwischen Produzent und Abnehmer voraus, die im beiderseitigen Interesse liegt: Einerseits müßten die herausgegebenen Werksbescheinigungen objektiver Nachprüfung standhalten, und andererseits müßte seitens der Abnehmer ein sachlich begründetes Maß in den Anforderungen eingehalten werden.

Dr. BRÜCKER-STEINKUHL, Düsseldorf

VII. Formelzeichen und Abkürzungen

A, A'	Kontrollgrenzfaktor
A_r	Schätzwert der Zufallsstreuung
a, b	Konstante
c	Annahmezahl oder Klassenbreite
D_o, D_u	Faktoren zur Bestimmung der oberen und unteren Kontrollgrenze bei der Spannweitenkarte
d_2	Faktor zur Umrechnung von Spannweitendurchschnitt und Standardabweichung ($\bar{R} = d_2 \cdot \sigma$)
$\mathcal{E}(R) = d_2$	Erwartungswert der normierten Spannweite, für $\sigma = 1$
$\mathcal{E}(R_1)$	Erwartungswert der normierten, ersten Quasi-Spannweite, für $\sigma = 1$
e	Basis der natürlichen Logarithmen, 2,71828
F	Streuungsquotient
F_{theor}	theoretischer Testwert der F-Verteilung
FG	Abkürzung für Freiheitsgrad
f	Funktionszeichen
G	Prüfgröße oder Summe der Erwartungszahlen von Iterationen
G bzw. G(i)	theoretische Häufigkeit an der Stelle $x = x_i$
$\underline{G}_R$, $\bar{G}_R$	zahlenmäßig berechnete Prüfwerte
g	Prüfgrenze oder Gesamt-Mittelwert oder Erwartungszahl von Iterationen
g_o, g_u	obere bzw. untere Prüfgrenze
g_1, g_2	Kontrollgrenzen
$g_{\alpha/2}$, g_β	kritische Grenzen, für die das Rückweisungsrisiko bzw. Annahmerisiko gleich $\alpha/2$ bzw. β ist
H bzw. H(i)	beobachtete Häufigkeit an der Stelle $x = x_i$

Forschungsberichte des Wirtschafts- und Verkehrsministeriums Nordrhein-Westfalen

H_o, H_1, H_R', H_R''	Hypothesen - z.B. Hypothese H_o ist gleichbedeutend mit der Annahme, daß der Mittelwert der Gesamtheit $\mu = \mu_o$ ist
h_1, h_2	Zahl von Reihendurchschnitten
i	Laufzahl
j	Zeilenzahl
k	Spaltenzahl oder Maß der Mittelwertsverschiebung, in Einheiten der Standardabweichung
ℓ_k	Durchschnitt der k-ten Lateinischen Buchstaben-Reihe
ln	natürlicher Logarithmus
log	Briggscher Logarithmus
M_1, M_2	Mittelwert von Reihendurchschnitten
N	Versuchszahl
n	Stichprobenumfang oder Länge der Iterationen oder Ordnung der Gruppierung
n', n_o, n_1, n_2	Freiheitsgrade
P	Wahrscheinlichkeit
p	Wahrscheinlichkeit eines Erfolgs oder Ausschußanteil
p'	Wahrscheinlichkeit eines Erfolgs bei Mittelwertsverschiebung
p_{max}^*	Maximum des durchschnittlichen Ausschußanteils nach der Prüfung
Q	Gesamt-Quadratsumme
q	Wahrscheinlichkeit eines Nicht-Erfolgs
q'	Wahrscheinlichkeit eines Nicht-Erfolgs bei Mittelwertsverschiebung
$q_{gr}^{(n)}$	Quadratsumme der n-ten Gruppierungsfolge bei n-facher Gruppierung
$q_{gr}^{(\xi)}$	Quadratsumme der Gruppierungsfolge ξ ($\xi = 1, .. n$) bei n-facher Gruppierung

Forschungsberichte des Wirtschafts- und Verkehrsministeriums Nordrhein-Westfalen

q_ℓ	Quadratsumme zwischen den Lateinischen Buchstaben-Reihen
q_s	Quadratsumme zwischen den Spalten
$q_v^{(n)}$	Versuchsfehler-Quadratsumme bei n-facher Gruppierung
q_z	Quadratsumme zwischen den Zeilen
q_γ	Quadratsumme zwischen den Griechisch-Lateinischen Buchstaben-Reihen
R	Spannweite
$\bar{R}$	Mittelwert der Spannweiten
R_1	erste Quasi-Spannweite
$\bar{R}_1$	Mittelwert der ersten Quasi-Spannweiten
R_r	r-te Quasi-Spannweite
r	Ordnung der Differenzen bei r-maliger Differenzenbildung
S	zweiseitige statistische Sicherheit
$\bar{S}$	einseitige statistische Sicherheit
S_r	Summe von Differenzenquadraten
s	Standardabweichung der Stichprobe
s^2	Streuung der Stichprobe
s_d^2	Versuchsfehlerstreuung für die Differenz zweier Gruppen-Mittelwerte bei zweifacher Gruppierung
$s_d'^2$	Versuchsfehlerstreuung für die Differenz zweier Gruppen-Mittelwerte bei einfacher Gruppierung
s_k, s_k^*	Spaltendurchschnitt der k-ten Spalte
s_v^2	Versuchsfehlerstreuung
s_1^2, s_2^2	Streuung von Probenwerten
T	Toleranzgrenze
T_o, T_u	obere bzw. untere Toleranzgrenze
t	Integralgrenze der t-Verteilung

Forschungsberichte des Wirtschafts- und Verkehrsministeriums Nordrhein-Westfalen

u_k	Variable, die der k-ten Spalte zugeordnet ist
v	Varianz, Streuung
W	Wahrscheinlichkeit
W_A	Annahmewahrscheinlichkeit
x	Einzelwert oder Laufzahl
x_i	Einzelwert der Stichprobe für i = 1, .. n
x_{jk}	Einzelwert, angeordnet in der j-ten Zeile und k-ten Spalte
x^*_{jk}	Einzelwert, angeordnet in der j-ten Zeile und k-ten Spalte ($x^*_{jk} = a \cdot x_{jk} - b$)
$\bar{x}$	Mittelwert der Stichprobe
$\bar{\bar{x}}$	Mittelwert der Stichproben-Mittelwerte
z, z'	Versuchszahl
z	Zuordnungszahl bei orthogonalen Vergleichen
z_j	Zeilendurchschnitt der j-ten Zeile
z_{jk}	Zufallsvariable, die der j-ten Zeile und k-ten Spalte zugeordnet ist
α	Rückweisungsrisiko
β	Annahmerisiko
γ	Ausschußanteil
γ_k	Durchschnitt der k-ten Griechisch-Lateinischen Buchstaben-Reihe
$\delta, \delta', \delta''$	Streuungsquotienten
Δ^r	Differenzen von Differenzen bei r-maliger Differenzenbildung
Δ_s	Abweichung der Einzelwerte von den Spaltendurchschnitten
Δ_z	Abweichung der Einzelwerte von den Zeilendurchschnitten
$\lambda, \lambda_1, \lambda_2$	Integralgrenzen der Gauß'schen Normalverteilung

Forschungsberichte des Wirtschafts- und Verkehrsministeriums Nordrhein Westfalen

$\lambda_{\alpha/2},\ \lambda_\beta$	Integralgrenzen der Gauß'schen Normalverteilung, definiert durch $\Phi(\lambda_{\alpha/2}) = 1 - \alpha/2,\ \Phi(\lambda_\beta) = 1 - \beta$
μ	Mittelwert der Gesamtheit
μ_o	Mittelwert der Gesamtheit im Normalfalle
μ_v	variabler Mittelwert der Gesamtheit
π	transzendente Zahl, 3,14159
σ	Standardabweichung der Gesamtheit
σ^2	Streuung der Gesamtheit
σ_o	Standardabweichung der Gesamtheit im Normalfalle
$\Phi(\lambda)$	Integral der Gauß'schen Normalverteilung
φ	Funktionszeichen
$\varphi(\lambda)$	Gauß'sche Normalverteilung
χ^2	Prüfgröße (χ^2-Testverfahren)

Forschungsberichte des Wirtschafts- und Verkehrsministeriums Nordrhein-Westfalen

VIII. Literaturverzeichnis

1. Spezielle Literatur (Schriften, die in der Arbeit zitiert sind)

ANDERSON, O.	Probleme der stat. Methodenlehre in den Sozialwissenschaften, Würzburg 1954
BRÜCKER-STEINKUHL, K.	Zur Anwendung der Varianzanalyse, Mitteilungsblatt für Math. Statistik, 5 (1953), S. 29
BRÜCKER-STEINKUHL, K.	Prüfverfahren für Variable mit weitem und engem Toleranzbereich, Mitteilungsblatt für Math. Statistik, 8 (1956), S. 32
BRÜCKER-STEINKUHL, K.	Stichprobenkarten mit Iterationen, Mitteilungsblatt für Math.Statistik, 8 (1956), S. 154
CADWELL, J.H.	The distribution of quasi-ranges in samples from a normal population, Annals of Math. Stat., 24 (1953), S. 6o3
GRAF, U. und R. WARTMANN	Die Extremwertkarte bei der laufenden Fabrikationskontrolle, Mitteilungsblatt für Math. Statistik, 6 (1954), S. 121
HOFF, H. und Th. DAHL	Grundlagen des Walzverfahrens, Düsseldorf 195o; Walzen und Kalibrieren, Düsseldorf 1954
JOHNSON, N.L.	Some notes on the application of sequential methods in the analysis of variance, Annals of Math. Stat., 24 (1953), S. 614
WEILER, H.	The use of runs to control the mean in quality control, J. of the Am.Stat.Assoc., 48 (1953), S. 816
	Werkstoffnormen, Stahl und Eisen, Berlin und Köln, Düsseldorf 1952

2. Allgemeine Literatur

a) Deutschsprachig

GRAF, U. und H.-J. HENNING	Statistische Methoden bei textilen Untersuchungen, Berlin-Göttingen-Heidelberg 1952
GRAF, U. und H.-J. HENNING	Formeln und Tabellen der mathematischen Statistik, Berlin-Göttingen-Heidelberg 1953
LEINWEBER, P.	Mathematisch-Statistische Verfahren im Fabrikbetrieb, Berlin und Köln 1951

LINDER, A.	Statistische Methoden für Naturwissenschafter, Mediziner und Ingenieure, Basel 1951
LINDER, A.	Planen und Auswerten von Versuchen, Basel/Stuttgart 1953
v. MISES, R.	Angew.Math., I.Bd., Wahrscheinlichkeitsrechnung und ihre Anwendung in der Statistik und theoretischen Physik, Leipzig und Wien 1931
SCHAAFSMA, A.H. und F.G. WILLEMZE	Moderne Qualitätskontrolle, Eindhoven (Holland) 1955

b) Fremdsprachig

BURR, I.W.	Engineering Statistics and Quality Control, New York, Toronto, London 1953
DAVIES, O.L.	Statistical Methods in Research and Production with Special Reference to the Chemical Industry, London, Edinburgh 1954
DEMING, W.E.	Some Theory of Sampling, New York, London 1950
DODGE, H.F. and H.G. ROMIG	Sampling Inspection Tables, Single and Double Sampling, New York, London 1954
FELLER, W.	An Introduction to Probability Theory and its Applications, Vol. I, New York, London 1950
GRANT, E.L.	Statistical Quality Control, New York, Toronto, London 1952
JURAN, J.M.	Quality Control Handbook, New York, Toronto, London 1951
KENDALL, M.G.	The Advanced Theory of Statistics, Vol. I, II, London 1952, 1951
KENNEY, J.F.	Mathematics of Statistics, Vol. I, II, New York 1942
PEACH, P.	Introduction to Industrial Statistics and Quality Control, Raleigh, N.C., 1947
RICE, W.B.	Control Charts in Factory Management, New York, London 1947
RISSIK, H.	Quality Control in Production, London 1947
RUTHERFORD, J.G.	Quality Control in Industry, Methods and Systems, New York, London 1948

SMITH, E.S.	Control Charts, New York, Toronto, London 1947
SNEDECOR, G.W.	Statistical Methods, Ames (Iowa) 1938
TIPPETT, L.H.C.	Technological Applications of Statistics, New York, London 1950
WALD, A.	Sequential Analysis, New York, London 1947
	Weitere Literatur siehe z.B. bei GRANT und KENDALL

FORSCHUNGSBERICHTE
DES WIRTSCHAFTS- UND VERKEHRSMINISTERIUMS
NORDRHEIN-WESTFALEN

Herausgegeben von Staatssekretär Prof. Leo Brandt

HEFT 1
Prof. Dr.-Ing. E. Flegler, Aachen
Untersuchungen oxydischer Ferromagnet-Werkstoffe
1952, 20 Seiten, DM 6,75

HEFT 2
Prof. Dr. W. Fuchs, Aachen
Untersuchungen über absatzfreie Teeröle
1952, 32 Seiten, 5 Abb., 6 Tabellen, DM 10,—

HEFT 3
Techn.-Wissenschaftl. Büro für die Bastfaserindustrie, Bielefeld
Untersuchungsarbeiten zur Verbesserung des Leinenwebstuhls
1952, 44 Seiten, 7 Abb., 3 Tabellen, DM 12,50

HEFT 4
Prof. Dr. E. A. Müller und Dipl.-Ing. H. Spitzer, Dortmund
Untersuchungen über die Hitzebelastung in Hüttebetrieben
1952, 28 Seiten, 5 Abb., 1 Tabelle, DM 9,—

HEFT 5
Dipl.-Ing. W. Fister, Aachen
Prüfstand der Turbinenuntersuchungen
1952, 40 Seiten, 30 Abb., 3 Schaltbilder, DM 1,—

HEFT 6
Prof. Dr. W. Fuchs, Aachen
Untersuchungen über die Zusammensetzung und Verwendbarkeit von Schwelteerfraktionen
1952, 36 Seiten, DM 10.50

HEFT 7
Prof. Dr. W. Fuchs, Aachen
Untersuchungen über emsländisches Petrolatum
1952, 36 Seiten, 1 Abb., 17 Tabellen, DM 10,50

HEFT 8
M. E. Meffert und H. Stratmann, Essen
Algen-Großkulturen im Sommer 1951
1953, 52 Seiten, 4 Abb., 20 Tabellen, DM 9,75

HEFT 9
Techn.-Wissenschaftl. Büro für die Bastfaserindustrie, Bielefeld
Untersuchungen über die zweckmäßige Wicklungsart von Leinengarnkreuzspulen unter Berücksichtigung der Anwendung hoher Geschwindigkeiten des Garnes
Vorversuche für Zetteln und Schären von Leinengarnen auf Hochleistungsmaschinen
1952, 48 Seiten, 7 Abb., 7 Tabellen, DM 9,25

HEFT 10
Prof. Dr. W. Vogel, Köln
„Das Streifenpaar" als neues System zur mechanischen Vergrößerung kleiner Verschiebungen und seine technischen Anwendungsmöglichkeiten
1953, 20 Seiten, 6 Abb., DM 4,50

HEFT 11
Laboratorium für Werkzeugmaschinen und Betriebslehre, Technische Hochschule Aachen
1. Untersuchungen über Metallbearbeitung im Fräsvorgang mit Hartmetallwerkzeugen und negativem Spanwinkel
2. Weiterentwicklung des Schleifverfahrens für die Herstellung von Präzisionswerkstücken unter Vermeidung hoher Temperaturen
3. Untersuchung von Oberflächenveredlungsverfahren zur Steigerung der Belastbarkeit hochbeanspruchter Bauteile
1953, 80 Seiten, 61 Abb., DM 15,75

HEFT 12
Elektrowärme-Institut, Langenberg (Rhld.)
Induktive Erwärmung mit Netzfrequenz
1952, 22 Seiten 6 Abb., DM 5,20

HEFT 13
Techn.-Wissenschaftl. Büro für die Bastfaserindustrie, Bielefeld
Das Naßspinnen von Bastfasergarnen mit chemischen Zusätzen zum Spinnbad
1953, 52 Seiten, 4 Abb., 19 Tabellen, DM 10,—

HEFT 14
Forschungsstelle für Acetylen, Dortmund
Untersuchungen über Aceton als Lösungsmittel für Acetylen
1952, 64 Seiten, 10 Abb., 26 Tabellen, DM 12,25

HEFT 15
Wäschereiforschung Krefeld
Trocknen von Wäschestoffen
1953, 48 Seiten, 14 Abb., 2 Tabellen, DM 9,—

HEFT 16
Max-Planck-Institut für Kohlenforschung, Mülheim a. d. Ruhr
Arbeiten des MPI für Kohlenforschung
1953, 104 Seiten, 9 Abb., DM 17,80

HEFT 17
Ingenieurbüro Herbert Stein, M.-Gladbach
Untersuchung der Verzugsvorgänge in den Streckwerken verschiedener Spinnereimaschinen. 1. Bericht: Vergleichende Prüfung mit verschiedenen Dickenmeßgeräten
1952, 36 Seiten, 15 Abb., DM 8,—

HEFT 18
Wäschereiforschung Krefeld
Grundlagen zur Erfassung der chemischen Schädigung beim Waschen
1953, 68 Seiten, 15 Abb., 15 Tabellen, DM 12,75

HEFT 19
Techn.-Wissenschaftl. Büro für die Bastfaserindustrie, Bielefeld
Die Auswirkung des Schlichtens von Leinengarnketten auf den Verarbeitungswirkungsgrad, sowie die Festigkeit und Dehnungsverhältnisse der Garne und Gewebe
1953, 48 Seiten, 1 Abb., 9 Tabellen, DM 9,—

HEFT 20
Techn.-Wissenschaftl. Büro für die Bastfaserindustrie, Bielefeld
Trocknung von Leinengarnen I
Vorgang und Einwirkung auf die Garnqualität
1953, 62 Seiten, 18 Abb., 5 Tabellen, DM 12,—

HEFT 21
Techn.-Wissenschaftl. Büro für die Bastfaserindustrie, Bielefeld
Trocknung von Leinengarnen II
Spulenanordnung und Luftführung beim Trocknen von Kreuzspulen
1953, 66 Seiten, 22 Abb., 9 Tabellen, DM 13,—

HEFT 22
Techn.-Wissenschaftl. Büro für die Bastfaserindustrie, Bielefeld
Die Reparaturanfälligkeit von Webstühlen
1953, 28 Seiten, 7 Abb., 5 Tabellen, DM 5,80

HEFT 23
Institut für Starkstromtechnik, Aachen
Rechnerische und experimentelle Untersuchungen zur Kenntnis der Metadyne als Umformer von konstanter Spannung auf konstanten Strom
1953, 52 Seiten, 20 Abb., 4 Tafeln, DM 9,75

HEFT 24
Institut für Starkstromtechnik, Aachen
Vergleich verschiedener Generator-Metadyne-Schaltungen in bezug auf statisches Verhalten
1952, 44 Seiten, 23 Abb., DM 8,50

HEFT 25
Gesellschaft für Kohlentechnik mbH., Dortmund-Eving
Struktur der Steinkohlen und Steinkohlen-Kokse
1953, 58 Seiten, DM 11,—

HEFT 26
Techn.-Wissenschaftl. Büro für die Bastfaserindustrie, Bielefeld
Vergleichende Untersuchungen zweier neuzeitlicher Ungleichmäßigkeitsprüfer für Bänder und Garne hinsichtlich ihrer Eignung für die Bastfaserspinnerei
1953, 64 Seiten, 30 Abb., DM 12,50

HEFT 27
Prof. Dr. E. Schratz, Münster
Untersuchungen zur Rentabilität des Arzneipflanzenanbaues Römische Kamille, Anthemis nobilis L.
1953, 16 Seiten, 1 Tabelle, DM 3,60

HEFT 28
Prof. Dr. E. Schratz, Münster
Calendula officinalis L. Studien zur Ernährung, Blütenfüllung und Rentabilität der Drogengewinnung
1953, 24 Seiten, 2 Abb., 3 Tabellen, DM 5,20

HEFT 29
Techn.-Wissenschaftl. Büro für die Bastfaserindustrie, Bielefeld
Die Ausnützung der Leinengarne in Geweben
1953, 100 Seiten, 14 Abb., 10 Tabellen, DM 17,80

HEFT 30
Gesellschaft für Kohlentechnik mbH., Dortmund-Eving
Kombinierte Entaschung und Verschwelung von Steinkohle; Aufarbeitung von Steinkohlenschlämmen zu verkokbarer oder verschwelbarer Kohle
1953, 56 Seiten, 16 Abb., 10 Tabellen, DM 10,50

HEFT 31
Dipl.-Ing. A. Stormanns, Essen
Messung des Leistungsbedarfs von Doppelsteg-Kettenförderern
1954, 54 Seiten, 18 Abb., 3 Anlagen, DM 11,—

HEFT 32
Techn.-Wissenschaftl. Büro für die Bastfaserindustrie, Bielefeld
Der Einfluß der Natriumchloridbleiche auf Qualität und Verwebbarkeit von Leinengarnen und die Eigenschaften der Leinengewebe unter besonderer Berücksichtigung des Einsatzes von Schützen- und Spulenwechselautomaten in der Leinenweberei
1953, 64 Seiten, 2 Abb., 12 Tabellen, DM 11,50

HEFT 33
Kohlenstoffbiologische Forschungsstation e. V.
Eine Methode zur Bestimmung von Schwefeldioxyd und Schwefelwasserstoff in Rauchgasen und in der Atmosphäre
1953, 32 Seiten, 8 Abb., 3 Tabellen, DM 6.50

HEFT 34
Textilforschungsanstalt Krefeld
Quellungs- und Entquellungsvorgänge bei Faserstoffen
1953, 52 Seiten, 13 Abb., 13 Tabellen, DM 9,80

WESTDEUTSCHER VERLAG · KÖLN UND OPLADEN

HEFT 35
Professor Dr. W. Kast, Krefeld
Feinstrukturuntersuchungen an künstlichen Zellulosefasern verschiedener Herstellungsverfahren.
Teil I: Der Orientierungszustand
1953, 74 Seiten, 30 Abb., 7 Tabellen, DM 13,80

HEFT 36
Forschungsinstitut der feuerfesten Industrie, Bonn
Untersuchungen über die Trocknung von Rohton
Untersuchungen über die chemische Reinigung von Silika- und Schamotte-Rohstoffen mit chlorhaltigen Gasen
1953, 60 Seiten, 5 Abb., 5 Tabellen, DM 11,—

HEFT 37
Forschungsinstitut der feuerfesten Industrie, Bonn
Untersuchungen über den Einfluß der Probenvorbereitung auf die Kaltdruckfestigkeit feuerfester Steine
1953, 40 Seiten, 2 Abb., 5 Tabellen, DM 7,80

HEFT 38
Forschungsstelle für Acetylen, Dortmund
Untersuchungen über die Trocknung von Acetylen zur Herstellung von Dissousgas
1953, 36 Seiten, 11 Abb., 3 Tabellen, DM 6,80

HEFT 39
Forschungsgesellschaft Blechverarbeitung e. V., Düsseldorf
Untersuchungen an prägegemusterten und vorgelochten Blechen
1953, 46 Seiten, 34 Abb., DM 9,50

HEFT 40
Landesgeologe Dr.-Ing. W. Wolff, Amt für Bodenforschung, Krefeld
Untersuchungen über die Anwendbarkeit geophysikalischer Verfahren zur Untersuchung von Spateisengängen im Siegerland
1953, 46 Seiten, 8 Abb., DM 8,80

HEFT 41
Techn.-Wissenschaftl. Büro für die Bastfaserindustrie, Bielefeld
Untersuchungsarbeiten zur Verbesserung des Leinenwebstuhles II
1953, 40 Seiten, 4 Abb., 5 Tabellen, DM 7,80

HEFT 42
Professor Dr. B. Helferich, Bonn
Untersuchungen über Wirkstoffe — Fermente — in der Kartoffel und die Möglichkeit ihrer Verwendung
1953, 58 Seiten, 9 Abb., DM 11,—

HEFT 43
Forschungsgesellschaft Blechverarbeitung e. V., Düsseldorf
Forschungsergebnisse über das Beizen von Blechen
1953, 48 Seiten, 38 Abb., 2 Tabellen, DM 11,30

HEFT 44
Arbeitsgemeinschaft für praktische Dehnungsmessung, Düsseldorf
Eigenschaften und Anwendungen von Dehnungsmeßstreifen
1953, 68 Seiten, 43 Abb., 2 Tabellen, DM 13,70

HEFT 45
Losenhausenwerk Düsseldorfer Maschinenbau AG, Düsseldorf
Untersuchungen von störenden Einflüssen auf die Lastgrenzenanzeige von Dauerschwingprüfmaschinen
1953, 36 Seiten, 11 Abb., 3 Tabellen, DM 7,25

HEFT 46
Prof. Dr. W. Fuchs, Aachen
Untersuchungen über die Aufbereitung von Wasser für die Dampferzeugung in Benson-Kesseln
1953, 58 Seiten, 18 Abb., 9 Tabellen, DM 11,20

HEFT 47
Prof. Dr.-Ing. K. Krekeler, Aachen
Versuche über die Anwendung der induktiven Erwärmung zum Sintern von hochschmelzenden Metallen sowie zur Anlegierung und Vergütung von aufgespritzten Metallschichten mit dem Grundwerkstoff
1954, 66 Seiten, 39 Abb., DM 13,90

HEFT 48
Max-Planck-Institut für Eisenforschung, Düsseldorf
Spektrochemische Analyse der Gefügebestandteile in Stählen nach ihrer Isolierung
1953, 38 Seiten, 8 Abb., 5 Tabellen, DM 7,80

HEFT 49
Max-Planck-Institut für Eisenforschung, Düsseldorf
Untersuchungen über Ablauf der Desoxydation und die Bildung von Einschlüssen in Stählen
1953, 52 Seiten, 19 Abb., 3 Tabellen, DM 12,40

HEFT 50
Max-Planck-Institut für Eisenforschung, Düsseldorf
Flammenspektralanalytische Untersuchung der Ferritzusammensetzung in Stählen
1953, 44 Seiten, 15 Abb., 4 Tabellen, DM 8,60

HEFT 51
Verein zur Förderung von Forschungs- und Entwicklungsarbeiten in der Werkzeugindustrie e. V., Remscheid
Untersuchungen an Kreissägeblättern für Holz, Fehler- und Spannungsprüfverfahren
1953, 50 Seiten, 23 Abb., DM 10,—

HEFT 52
Forschungsstelle für Acetylen, Dortmund
Untersuchungen über den Umsatz bei der explosiblen Zersetzung von Azetylen
a) Zersetzung von gasförmigem Azetylen
b) Zersetzung von an Silikagel adsorbiertem Azetylen
1954, 48 Seiten, 8 Abb., 10 Tabellen, DM 9,25

HEFT 53
Professor Dr.-Ing. H. Opitz, Aachen
Reibwert und Verschleißmessungen an Kunststoffgleitführungen für Werkzeugmaschinen
1954, 38 Seiten, 18 Abb., DM 8,20

HEFT 54
Professor Dr.-Ing. F. A. F. Schmidt, Aachen
Schaffung von Grundlagen für die Erhöhung der spez. Leistung und Herabsetzung des spez. Brennstoffverbrauches bei Ottomotoren mit Teilbericht über Arbeiten an einem neuen Einspritzverfahren
1954, 34 Seiten, 15 Abb., DM 7,40

HEFT 55
Forschungsgesellschaft Blechverarbeitung e. V. Düsseldorf
Chemisches Glänzen von Messing und Neusilber
1954, 50 Seiten, 21 Abb., 1 Tabelle, DM 10,20

HEFT 56
Forschungsgesellschaft Blechverarbeitung e. V., Düsseldorf
Untersuchungen über einige Probleme der Behandlung von Blechoberflächen
1954, 52 Seiten, 42 Abb., DM 11,20

HEFT 57
Prof. Dr.-Ing. F. A. F. Schmidt, Aachen
Untersuchungen zur Erforschung des Einflusses des chemischen Aufbaues des Kraftstoffes auf sein Verhalten im Motor und in Brennkammern von Gasturbinen
1954, 70 Seiten, 32 Abb., DM 14,60

HEFT 58
Gesellschaft für Kohlentechnik mbH., Dortmund
Herstellung und Untersuchung von Steinkohlenschwelteer
1954, 74 Seiten, 9 Abb., 9 Tabellen, DM 13,75

HEFT 59
Forschungsinstitut der Feuerfest-Industrie e. V., Bonn
Ein Schnellanalysenverfahren zur Bestimmung von Aluminiumoxyd, Eisenoxyd und Titanoxyd in feuerfestem Material mittels organischer Farbreagenzien auf photometrischem Wege
Untersuchungen des Alkali-Gehaltes feuerfester Stoffe mit dem Flammenphotometer nach Riehm-Lange
1954, 62 Seiten, 12 Abb., 3 Tabellen, DM 11,60

HEFT 60
Forschungsgesellschaft Blechverarbeitung e. V., Düsseldorf
Untersuchungen über das Spritzlackieren im elektrostatischen Hochspannungsfeld
1954, 82 Seiten, 53 Abb., 7 Tabellen, DM 17,—

HEFT 61
Verein zur Förderung von Forschungs- und Entwicklungsarbeiten in der Werkzeugindustrie e. V., Remscheid
Schwingungs- und Arbeitsverhalten von Kreissägeblättern für Holz
1954, 54 Seiten, 31 Abb., DM 11,40

HEFT 62
Professor Dr. W. Franz, Institut für theoretische Physik der Universität Münster
Berechnung des elektrischen Durchschlags durch feste und flüssige Isolatoren
1954, 36 Seiten, DM 7,—

HEFT 63
Textilforschungsanstalt Krefeld
Neue Methoden zur Untersuchung der Wirkungsweise von Textilhilfsmitteln
Untersuchungen über Schlichtungs- und Entschlichtungsvorgänge
1954, 34 Seiten, 1 Abb., 5 Tabellen, DM 6,80

HEFT 64
Textilforschungsanstalt Krefeld
Die Kettenlängenverteilung von hochpolymeren Faserstoffen
Über die fraktionierte Fällung von Polyamiden
1954, 44 Seiten, 13 Abb., DM 8,60

HEFT 65
Fachverband Schneidwarenindustrie, Solingen
Untersuchungen über das elektrolytische Polieren von Tafelmesserklingen aus rostfreiem Stahl
1954, 90 Seiten, 38 Abb., 9 Tabellen, DM 17,35

HEFT 66
Dr.-Ing. P. Füsgen VDI †, Düsseldorf
Untersuchungen über das Auftreten des Ratterns bei selbsthemmenden Schneckengetrieben und seine Verhütung
1954, 32 Seiten, 5 Abb., DM 6,60

HEFT 67
Heinrich Wösthoff o. H. G., Apparatebau, Bochum
Entwicklung einer chemisch-physikalischen Apparatur zur Bestimmung kleinster Kohlenoxyd-Konzentrationen
1954, 94 Seiten, 48 Abb., 2 Tabellen, DM 18,25

HEFT 68
Kohlenstoffbiologische Forschungsstation e. V., Essen
Algengroßkulturen im Sommer 1952
II. Über die unsterile Großkultur von Scenedesmus obliquus
1954, 62 Seiten, 3 Abb., 29 Tabellen, DM 11,40

HEFT 69
Wäschereiforschung Krefeld
Bestimmung des Faserabbaues bei Leinen unter besonderer Berücksichtigung der Leinengarnbleiche
1954, 48 Seiten, 15 Abb., 3 Tabellen, DM 9,60

HEFT 70
Wäschereiforschung Krefeld
Trocknen von Wäschestoffen
1954, 52 Seiten, 18 Abb., 3 Tabellen, DM 10,—

HEFT 71
Prof. Dr.-Ing. K. Leist, Aachen
Kleingasturbinen, insbesondere zum Fahrzeugantrieb
1954, 114 Seiten, 85 Abb., DM 22,—

HEFT 72
Prof. Dr.-Ing. K. Leist, Aachen
Beitrag zur Untersuchung von stehenden geraden Turbinengittern mit Hilfe von Druckverteilungsmessungen
1954, 152 Seiten, 111 Abb., DM 36,20

HEFT 73
Prof. Dr.-Ing. K. Leist, Aachen
Spannungsoptische Untersuchungen von Turbinenschaufelfüßen
1954, 66 Seiten, 46 Abb., 2 Tabellen, DM 14,60

HEFT 74
Max-Planck-Institut für Eisenforschung, Düsseldorf
Versuche zur Klärung des Umwandlungsverhaltens eines sonderkarbidbildenden Chromstahls
1954, 58 Seiten, 10 Abb., DM 14,—

HEFT 75
Max-Planck-Institut für Eisenforschung, Düsseldorf
Zeit-Temperatur-Umwandlungs-Schaubilder als Grundlage der Wärmebehandlung der Stähle
1954, 44 Seiten, 13 Abb., DM 8,70

HEFT 76
Max-Planck-Institut für Arbeitsphysiologie, Dortmund
Arbeitstechnische und arbeitsphysiologische Rationalisierung von Mauersteinen
1954, 52 Seiten, 12 Abb., 3 Tabellen, DM 10,20

HEFT 77
Meteor Apparatebau Paul Schmeck GmbH., Siegen
Entwicklung von Leuchtstoffröhren hoher Leistung
1954, 46 Seiten, 12 Abb., 2 Tabellen, DM 9,15

HEFT 78
Forschungsstelle für Acetylen, Dortmund
Über die Zustandsgleichung des gasförmigen Acetylens und das Gleichgewicht Acetylen—Aceton
1954, 42 Seiten, 3 Abb., 8 Tabellen, DM 8,—

HEFT 79
Techn.-Wissenschaftl. Büro für die Bastfaserindustrie, Bielefeld
Trocknung von Leinengarnen III
Spinnspulen- und Spinnkopftrocknung
Vorgang und Einwirkung auf die Garnqualität
1954, 74 Seiten, 18 Abb., 10 Tabellen, DM 14,—

WESTDEUTSCHER VERLAG · KÖLN UND OPLADEN

HEFT 80
Techn.-Wissenschaftl. Büro für die Bastfaserindustrie, Bielefeld
Die Verarbeitung von Leinengarn auf Webstühlen mit und ohne Oberbau
1954, 30 Seiten, 2 Abb., 2 Tabellen, DM 6,—

HEFT 81
Prüf- und Forschungsinstitut für Ziegeleierzeugnisse, Essen-Kray
Die Einführung des großformatigen Einheits-Gitterziegels im Lande Nordrhein-Westfalen
1954, 54 Seiten, 2 Abb., 2 Tabellen, DM 10,—

HEFT 82
Vereinigte Aluminium-Werke AG., Bonn
Forschungsarbeiten auf dem Gebiet der Veredelung von Aluminium-Oberflächen
1954, 46 Seiten, 34 Abb., DM 9,60

HEFT 83
Prof. Dr. S. Strugger, Münster
Über die Struktur der Proplastiden
1954, 30 Seiten, 15 Abb., DM 8,40

HEFT 84
Dr. H. Baron, Düsseldorf
Über Standardisierung von Wundtextilien
1954, 32 Seiten, DM 6,40

HEFT 85
Textilforschungsanstalt Krefeld
Physikalische Untersuchungen an Fasern, Fäden, Garnen und Geweben:
Untersuchungen am Knickscheuergerät nach Weltzien
1954, 40 Seiten, 11 Abb., 8 Tabellen, DM 10,—

HEFT 86
Prof. Dr.-Ing. H. Opitz, Aachen
Untersuchungen über das Fräsen von Baustahl sowie über den Einfluß des Gefüges auf die Zerspanbarkeit
1954, 108 Seiten, 73 Abb., 7 Tabellen, DM 22,—

HEFT 87
Gemeinschaftsausschuß Verzinken, Düsseldorf
Untersuchungen über Güte von Verzinkungen
1954, 68 Seiten, 56 Abb., 3 Tabellen, DM 15,30

HEFT 88
Gesellschaft für Kohlentechnik mbH., Dortmund-Eving
Oxydation von Steinkohle mit Salpetersäure
1954, 62 Seiten, 2 Abb., 1 Tabelle, DM 11,50

HEFT 89
*Verein Deutscher Ingenieure, Gleitlagerforschung, Düsseldorf
und Prof. Dr.-Ing. G. Vogelpohl, Göttingen*
Versuche mit Preßstoff-Lagern für Walzwerke
1954, 70 Seiten, 34 Abb., DM 14,10

HEFT 90
Forschungs-Institut der Feuerfest-Industrie, Bonn
Das Verhalten von Silikasteinen im Siemens-Martin-Ofengewölbe
1954, 62 Seiten, 15 Abb., 11 Tabellen, DM 11,90

HEFT 91
Forschungs-Institut der Feuerfest-Industrie, Bonn
Untersuchungen des Zusammenhangs zwischen Leistung und Kohlenverbrauch von Kammeröfen zum Brennen von feuerfesten Materialien
1954, 42 Seiten, 6 Abb., DM 8,30

HEFT 92
*Techn.-Wissenschaftl. Büro für die Bastfaserindustrie, Bielefeld
und Laboratorium für textile Meßtechnik, M.-Gladbach*
Messungen von Vorgängen am Webstuhl
1954, 76 Seiten, 45 Abb., DM 15,50

HEFT 93
Prof. Dr. W. Kast, Krefeld
Spinnversuche zur Strukturerfassung künstlicher Zellulosefasern
1954, 82 Seiten, 39 Abb., 6 Tabellen, DM 16,—

HEFT 94
Prof. Dr. G. Winter, Bonn
Die Heilpflanzen des MATTHIOLUS (1611) gegen Infektionen der Harnwege und Verunreinigung der Wunden bzw. zur Förderung der Wundheilung im Lichte der Antibiotikaforschung
1954, 58 Seiten, 1 Abb., 2 Tabellen, DM 11,50

HEFT 95
Prof. Dr. G. Winter, Bonn
Untersuchungen über die flüchtigen Antibiotika aus der Kapuziner- (Tropaeolum maius) und Gartenkresse (Lepidium sativum) und ihr Verhalten im menschlichen Körper bei Aufnahme von Kapuziner- bzw. Gartenkressensalat per os
1955, 74 Seiten, 9 Abb., 25 Tabellen, DM 14,—

HEFT 96
Dr.-Ing. P. Koch, Dortmund
Austritt von Exoelektronen aus Metalloberflächen unter Berücksichtigung der Verwendung des Effektes für die Materialprüfung
1954, 34 Seiten, 13 Abb., DM 7,—

HEFT 97
Ing. H. Stein, Laboratorium für textile Meßtechnik, M.-Gladbach
Untersuchung der Verzugsvorgänge an den Streckwerken verschiedener Spinnereimaschinen
2. Bericht: Ermittlung der Haft-Gleiteigenschaften von Faserbändern und Vorgarnen
1955, 98 Seiten, 54 Abb., DM 21,—

HEFT 98
Fachverband Gesenkschmieden, Hagen
Die Arbeitsgenauigkeit beim Gesenkschmieden unter Hämmern
1955, 132 Seiten, 55 Abb., 9 Tabellen, DM 24,75

HEFT 99
Prof. Dr.-Ing. G. Garbotz, Aachen
Der Kraft- und Arbeitsaufwand sowie die Leistungen beim Biegen von Bewehrungsstählen in Abhängigkeit von den Abmessungen, den Formen und der Güte der Stähle (Ermittlung von Leistungsrichtlinien)
1955, 136 Seiten, 53 Abb., 3 Anlagen, 18 Tabellen, DM 30,—

HEFT 100
Prof. Dr.-Ing. H. Opitz, Aachen
Untersuchungen von elektrischen Antrieben, Steuerungen und Regelungen an Werkzeugmaschinen
1955, 166 Seiten, 71 Abb., 3 Tabellen, DM 31,30

HEFT 101
Prof. Dr.-Ing. H. Opitz, Aachen
Wirtschaftlichkeitsbetrachtungen beim Außenrundschleifen
1955, 100 Seiten, 56 Abb., 3 Tabellen, DM 19,30

HEFT 102
Dr. P. Hölemann, Ing. R. Hasselmann und Ing. G. Dix, Dortmund
Untersuchungen über die thermische Zündung von explosiblen Acetylenzersetzungen in Kapillaren
1954, 44 Seiten, 5 Abb., 4 Tabellen, DM 8,60

HEFT 103
Prof. Dr. W. Weizel, Bonn
Durchführung von experimentellen Untersuchungen über den zeitlichen Ablauf von Funken in komprimierten Edelgasen sowie zu deren mathematischen Berechnung
1955, 46 Seiten, 12 Abb., DM 9,10

HEFT 104
Prof. Dr. W. Weizel, Bonn
Über den Einfluß der Elektroden auf die Eigenschaften von Cadmium-Sulfid-Widerstands-Photozellen
1955, 48 Seiten, 12 Abb., DM 9,45

HEFT 105
Dr.-Ing. R. Meldau, Harsewinkel/Westf.
Auswertung von Gekörn — Analysen des Musterstaubes „Flugasche Fortuna I"
1955, 42 Seiten, 14 Abb., DM 8,50

HEFT 106
ORR. Dr.-Ing. W. Küch, Dortmund
Untersuchungen über die Einwirkung von feuchtigkeitsgesättigter Luft auf die Festigkeit von Leimverbindungen
1954, 60 Seiten, 10 Abb., 6 Tabellen, DM 11,40

HEFT 107
Prof. Dr. H. Lange und Dipl.-Phys. P. St. Pütter, Köln
Über die Konstruktion von Laboratoriumsmagneten
1955, 66 Seiten, 19 Abb., 1 Tabelle, DM 12,30

HEFT 108
Prof. Dr. W. Fuchs, Aachen
Untersuchungen über neue Beizmethoden und Beizabwässer
I. Die Entzunderung von Drähten mit Natriumhydrid
II. Die Aufbereitung von Beizabwässern
1955, 82 Seiten, 15 Abb., 14 Tabellen, 1 Falttafel, DM 15,25

HEFT 109
Dr. P. Hölemann und Ing. R. Hasselmann, Dortmund
Untersuchungen über die Löslichkeit von Azetylen in verschiedenen organischen Lösungsmitteln
1954, 42 Seiten, 10 Abb., 8 Tabellen, DM 8,30

HEFT 110
Dr. P. Hölemann und Ing. R. Hasselmann, Dortmund
Untersuchungen über den Druckverlauf bei der explosiblen Zersetzung von gasförmigem Azetylen
1955, 54 Seiten, 10 Abb., 5 Tabellen, DM 11,—

HEFT 111
Fachverband Steinzeugindustrie, Köln
Die Entwicklung eines Gerätes zur Beschickung seitlicher Feuer von Steinzeug-Einzelkammeröfen mit festen Brennstoffen
1955, 46 Seiten, 16 Abb., DM 9,40

HEFT 112
Prof. Dr.-Ing. H. Opitz, Aachen
Verschleißmessungen beim Drehen mit aktivierten Hartmetallwerkzeugen
1954, 44 Seiten, 17 Abb., 6 Tabellen, DM 8,80

HEFT 113
Prof. Dr. O. Graf, Dortmund
Erforschung der geistigen Ermüdung und nervösen Belastung: Studien über die vegetative 24-Stunden-Rhythmik in Ruhe und unter Belastung
1955, 40 Seiten, 12 Abb., DM 8,20

HEFT 114
Prof. Dr. O. Graf, Dortmund
Studien über Fließarbeitsprobleme an einer praxisnahen Experimentieranlage
1954, 34 Seiten, 6 Abb., DM 7,—

HEFT 115
Prof. Dr. O. Graf, Dortmund
Studium über Arbeitspausen in Betrieben bei freier und zeitgebundener Arbeit (Fließarbeit) und ihre Auswirkung auf die Leistungsfähigkeit
1955, 50 Seiten, 13 Abb., 2 Tabellen, DM 9,80

HEFT 116
Prof. Dr.-Ing. E. Siebel und Dr.-Ing. H. Weiss, Stuttgart
Untersuchungen an einigen Problemen des Tiefziehens — I. Teil
1955, 74 Seiten, 50 Abb., 5 Tabellen, DM 14,50

HEFT 117
Dr.-Ing. H. Beißwänger, Stuttgart, und Dr.-Ing. S. Schwandt, Trier
Untersuchungen an einigen Problemen des Tiefziehens — II. Teil
1955, 92 Seiten, 34 Abb., 8 Tabellen, DM 17,70

HEFT 118
Prof. Dr. E. A. Müller und Dr. H. G. Wenzel, Dortmund
Neuartige Klima-Anlage zur Erzeugung ungleicher Luft- und Strahlungstemperaturen in einem Versuchsraum
1955, 68 Seiten, 10 z. T. mehrfarb. Abb., DM 14,—

HEFT 119
Dr.-Ing. O. Viertel, Krefeld
Wäscherei- und energietechnische Untersuchung einer Gemeinschafts-Waschanlage
1955, 50 Seiten, 18 Abb., DM 10,20

HEFT 120
Dipl.-Ing. A. Weisbecker, Lüdenscheid
Über Anfressung an Reinstaluminium-Schweißnähten bei der elektrolytischen Oxydation
Gebr. Hörstermann GmbH., Velbert
Entwicklung und Erprobung eines neuartigen Gummibandförderers
1955, 46 Seiten, 18 Abb., DM 9,70

HEFT 121
Dr. H. Krebs, Bonn
I. Die Struktur und die Eigenschaften der Halbmetalle
II. Die Bestimmung der Atomverteilung in amorphen Substanzen
III. Die chemische Bindung in anorganischen Festkörpern und das Entstehen metallischer Eigenschaften
1955, 124 Seiten, 36 Abb., 13 Tabellen, DM 22,90

HEFT 122
Prof. Dr. W. Fuchs, Aachen
Untersuchungen zur Verbesserung der Wasseraufbereitung und Wasseranalyse:
Über die Schnellbewertung von Ionenaustauscher
1955, 62 Seiten, 32 Abb., DM 12,30

HEFT 123
Dipl.-Ing. J. Emondts, Aachen
Über Bodenverformungen bei stark gestörtem und mächtigem, wasserführendem Deckgebirge im Aachener Steinkohlengebiet
1955, 196 Seiten, 37 Abb., 10 Tabellen, DM 28,80

HEFT 124
Prof. Dr. R. Seyffert, Köln
Wege und Kosten der Distribution der Hausratwaren im Lande Nordrhein-Westfalen
1955, 74 Seiten, 25 Tabellen, DM 9,—

WESTDEUTSCHER VERLAG · KÖLN UND OPLADEN

HEFT 125
Prof. Dr. E. Kappler, Münster
Eine neue Methode zur Bestimmung von Kondensations-Koeffizienten von Wasser
1955, 46 Seiten, 11 Abb., 1 Tabelle, DM 9,10

HEFT 126
Prof. Dr.-Ing. J. Mathieu, Aachen
Arbeitszeitvergleich
Grundlagen, Methodik und praktische Durchführung
1955, 70 Seiten, DM 13,—

HEFT 127
Güteschutz Betonstein e. V.,
Arbeitskreis Nordrhein-Westfalen, Dortmund
Die Betonwaren-Gütesicherung im Lande Nordrhein-Westfalen
1955, 58 Seiten, 15 Abb., 3 Tabellen, DM 11,50

HEFT 128
Prof. Dr. O. Schmitz-DuMont, Bonn
Untersuchungen über Reaktionen in flüssigem Ammoniak
1955, 96 Seiten, 11 Abb., 6 Tabellen, DM 17,75

HEFT 129
Prof. Dr.-Ing. J. Mathieu und Dr. C. A. Roos,
Aachen
Die Anlernung von Industriearbeitern
I. Ergebnisse einer grundsätzlichen Untersuchung der gegenwärtigen Industriearbeiter-Kurzanlernung
1955, 106 Seiten, DM 19,70

HEFT 130
Prof. Dr.-Ing. J. Mathieu und Dr. C. A. Roos,
Aachen
Die Anlernung von Industriearbeitern
II. Beiträge zur Methodenfrage der Kurzanlernung
1955, 108 Seiten, DM 19,90

HEFT 131
Dr. W. Hoerburger, Köln
Versuche zur Biosynthese von Eiweiß aus Kohlenwasserstoff
1955, 34 Seiten, 2 Abb., DM 6,90

HEFT 132
Prof. Dr. W. Seith, Münster
Über Diffusionserscheinungen in festen Metallen
1955, 42 Seiten, 19 Abb., 4 Tabellen, DM 9,10

HEFT 133
Prof. Dr. E. Jenckel, Aachen
Über einen für Schwermetalle selektiven Ionenaustauscher
1955, 48 Seiten, 8 Abb., 13 Tabellen, DM 9,50

HEFT 134
Prof. Dr.-Ing. H. Winterhager, Aachen
Über die elektrochemischen Grundlagen der Schmelzfluß-Elektrolyse von Bleisulfid in geschmolzenen Mischungen mit Bleichlorid
1955, 54 Seiten, 20 Abb., 5 Tabellen, DM 11,80

HEFT 135
Prof. Dr.-Ing. K. Krekeler und Dr.-Ing. H. Peukert,
Aachen
Die Änderung der mechanischen Eigenschaften thermoplastischer Kunststoffe durch Warmrecken
1955, 54 Seiten, 27 Abb., DM 11,10

HEFT 136
Dipl.-Phys. P. Pilz, Remscheid
Über spezielle Probleme der Zerkleinerungstechnik von Weichstoffen
1955, 58 Seiten, 19 Abb., 2 Tabellen, DM 11,50

HEFT 137
Prof. Dr. W. Baumeister, Münster
Beiträge zur Mineralstoffernährung der Pflanzen
1955, 64 Seiten, 6 Tabellen, DM 11,80

HEFT 138
Dr. P. Hölemann und Ing. R. Hasselmann, Dortmund
Untersuchungen über die Zersetzungswärme von gasförmigem und in Azeton gelöstem Azetylen
1955, 54 Seiten, 8 Abb., 7 Tabellen, DM 10,40

HEFT 139
Prof. Dr. W. Fuchs, Aachen
Studien über die thermische Zersetzung der Kohle und die Kohlendestillatprodukte
1955, 64 Seiten, 20 Abb., 22 Tabellen, DM 11,80

HEFT 140
Dr.-Ing. G. Hausberg, Essen
Modellversuche an Zyklonen
1955, 78 Seiten, 24 Abb., DM 15,70

HEFT 141
Dr. J. van Calker und Dr. R. Wienecke, Münster
Untersuchungen über den Einfluß dritter Analysenpartner auf die spektrochemische Analyse
1955, 42 Seiten, 15 Abb., DM 9,10

HEFT 142
Dipl.-Ing. G. M. F. Wiebel, Hannover, A. Konermann und A. Ottenheym, Sennelager
Entwicklung eines Kalksandleichtsteines
1955, 38 Seiten, 4 Abb., DM 8,—

HEFT 143
Prof. Dr. F. Wever, Dr. A. Rose und Dipl.-Ing. W. Straßburg, Düsseldorf
Härtbarkeit und Umwandlungsverhalten der Stähle
1955, 50 Seiten, 12 Abb., 3 Tabellen, DM 10,70

HEFT 144
Prof. Dr. H. Wurmbach, Bonn
Steuerung von Wachstum und Formbildung
1955, 48 Seiten, 19 Abb., DM 10,30

HEFT 145
Dr. G. Hennemann, Werdohl (Westf.)
Beitrag zur Interpretation der modernen Atomphysik
1955, 34 Seiten, DM 10,—

HEFT 146
Dr.-Ing. F. Gruß, Düsseldorf
Sterilisation mit Heißluft
1955, 34 Seiten, 10 Abb., DM 7,70

HEFT 147
Dr.-Ing. W. Rudisch, Unna
Untersuchung einer drehelastischen Elektromagnet-Synchronkupplung
1955, 82 Seiten, 65 Abb., DM 17,70

HEFT 148
Prof. Dr. H. Bittel u. Dipl.-Phys. L. Storm, Münster
Untersuchungen über Widerstandsrauschen
1955, 40 Seiten, 5 Abb., DM 8,40

HEFT 149
Dipl.-Ing. K. Konopicky und Dipl.-Chem.
P. Kampa, Bonn
I. Beitrag zur flammenphotometrischen Bestimmung des Calciums.
Dr.-Ing. K. Konopicky, Bonn
II. Die Wanderung von Schlackenbestandteilen in feuerfesten Baustoffen
1955, 54 Seiten, 10 Abb., 5 Tabellen, DM 11,—

HEFT 150
Prof. Dr.-Ing. O. Kienzle und Dipl.-Ing. W. Timmerbeil, Hannover
Das Durchziehen enger Kragen an ebenen Fein- und Mittelblechen
1955, 52 Seiten, 20 Abb., 8 Tabellen, DM 11,30

HEFT 151
Dipl.-Ing. P. Karabasch, Aachen
Feststellung des optimalen Gasgehaltes von Bronzen zur Erzielung druckdichter Gußstücke
1956, 64 Seiten, 31 Abb., 5 Tabellen, DM 13,90

HEFT 152
Dipl.-Ing. G. Müller, Köln
Ermittlung der Laufeigenschaften (Vergießbarkeit) von Bronze und Rotguß mittels der Schneider-Gießspirale
1955, 60 Seiten, 33 Abb., DM 13,30

HEFT 153
Prof. Dr. F. Wever, Dr.-Ing. W. A. Fischer und Dipl.-Ing. J. Engelbrecht, Düsseldorf
I. Die Reduktion sauerstoffhaltiger Eisenschmelzen im Hochvakuum mit Wasserstoff und Kohlenstoff
II. Einfluß geringer Sauerstoffgehalte auf das Gefüge und Alterungsverhalten von Reineisen
1955, 54 Seiten, 15 Abb., 2 Tabellen, DM 12,40

HEFT 154
Dr.-Ing. P. Bardenheuer und
Dr.-Ing. W. A. Fischer, Düsseldorf
Die Verschlackung von Titan aus Stahlschmelzen im sauren und basischen Hochfrequenzofen unter verschiedenen Schlacken
1955, 36 Seiten, 10 Abb., 1 Tabelle, DM 7,95

HEFT 155
Dipl.-Phys. K. H. Schirmer, München
Die auf Grau abgestimmte Farbwiedergabe im Dreifarbenbuchdruck
1955, 46 Seiten, 17 Abb., 2 Farbtafeln, DM 10,—

HEFT 156
Prof. Dr.-Ing. B. von Borries und Mitarbeiter,
Düsseldorf
Die Entwicklung regelbarer permanentmagnetischer Elektronenlinsen hoher Brechkraft und eines mit ihnen ausgerüsteten Elektronenmikroskopes neuer Bauart
1956, 102 Seiten, 52 Abb., DM 22,55

HEFT 157
Dr. W. Jawtusch, Dr. G. Schuster und
Prof. Dr.-Ing. R. Jaeckel, Bonn
Untersuchungen über die Stoßvorgänge zwischen neutralen Atomen und Molekülen
1955, 48 Seiten, 15 Abb., 3 Tabellen, DM 10,50

HEFT 158
Dipl.-Ing. W. Rosenkranz, Meinerzhagen
Ein Beitrag zum Problem der Spannungskorrosion bei Preßprofilen und Preßteilen aus Aluminium-Legierungen
1956, 112 Seiten, 61 Abb., 5 Tabellen, DM 27,40

HEFT 159
Dr.-Ing. O. Viertel und O. Oldenroth, Krefeld
Das Bleichen von Weißwäsche mit Wasserstoffsuperoxyd bzw. Natriumhypochlorit beim maschinellen Waschen
1955, 54 Seiten, 23 Abb., 2 Tabellen, DM 11,45

HEFT 160
Prof. Dr. W. Klemm, Münster
Über neue Sauerstoff- und Fluor-haltige Komplexe
1955, 50 Seiten, 13 Abb., 7 Tabellen, DM 10,80

HEFT 161
Prof. Dr. W. Weltzien und Dr. G. Hauschild,
Krefeld
Über Silikone und ihre Anwendung in der Textilveredlung
1955, 162 Seiten, 22 Abb., 10 Tabellen, DM 27,—

HEFT 162
Prof. Dr. F. Wever, Prof. Dr. A. Kochendörfer und Dr.-Ing. Chr. Rohrbach, Düsseldorf
Kennzeichnung der Sprödbruchneigung von Stählen durch Messung der Fließspannung, Reißspannung und Brucheinschnürung an dreiachsig beanspruchten Proben
1955, 58 Seiten, 26 Abb., DM 13,—

HEFT 163
Dipl.-Ing. W. Rohs und Text.-Ing. H. Griese,
Bielefeld
Untersuchungsarbeiten zur Verbesserung des Leinenwebstuhls III
1955, 80 Seiten, 15 Abb., 18 Tabellen, DM 15,80

HEFT 164
Dr.-Ing. H. Schmachtenberg, Köln
Neuartige Prüfeinrichtungen für Kraftfahrzeuge
1955, 44 Seiten, 23 Abb., DM 9,60

HEFT 165
Dr.-Ing. W. Wilhelm, Aachen
Instationäre Gasströmung im Auspuffsystem eines Zweitaktmotors
1955, 62 Seiten, 31 Abb., 8 Tabellen, DM 13,60

HEFT 166
Prof. Dr. M. v. Stackelberg, Dr. H. Heindze,
Dr. H. Hübsche und Dr. K. H. Frangen, Bonn
Kolloidchemische Untersuchungen
1955, 106 Seiten, 8 Abb., 13 Tabellen, DM 21,25

HEFT 167
Prof. Dr.-Ing. F. Schuster, Essen
I. Über die Heißkarburierung von Brenngasen mit Ölen und Teeren
II. Die Strahlungsvorgänge in brennstoffbeheizten Öfen bei verschiedenen Verbrennungsatmosphären
1955, 38 Seiten, 8 Abb., DM 8,30

HEFT 168
Prof. Dr.-Ing. F. Schuster, Essen
I. Luftvorwärmung an Gasfeuerungen
II. Heizwerthöhe von Brenngasen und Wirkungsgrad sowie Gasverbrauch bei der Gasverwendung
III. Sauerstoffangereicherte Luft und feuerungstechnische Kenngrößen von Brenngasen
1955, 60 Seiten, 18 Abb., DM 12,50

HEFT 169
Forschungsinstitut für Pigmente und Lacke, Stuttgart
Arbeiten über die Bestimmung des Gebrauchswertes von Lackfilmen durch physikalische Prüfungen
1955, 70 Seiten, 23 Abb., 4 Tabellen, DM 15,—

HEFT 170
Prof. Dr. F. Wever, Dr. A. Rose und
Dipl.-Ing. L. Rademacher, Düsseldorf
Anwendung der Umwandlungsschaubilder auf Fragen der Werkstoffauswahl beim Schweißen und Flammhärten
1955, 64 Seiten, 25 Abb., DM 13,70

HEFT 171
Wäschereiforschung Krefeld
Untersuchung der Wäscheentwässerung mit Hilfe von Zentrifugen und Pressen
1955, 42 Seiten, 16 Abb., 4 Tabellen, DM 9,70

HEFT 172
Dipl.-Ing. W. Rohs, Dr.-Ing. G. Satlow und Text.-Ing. G. Heller, Bielefeld
Trocknung von Hanfgarnen. Kreuzspultrocknung
1955, 60 Seiten, 7 Abb., 4 Tabellen, DM 10,30

HEFT 173
Prof. Dr. R. Hosemann und Dipl.-Phys. G. Schoknecht, Berlin, vorgelegt von Prof. Dr. W. Kast, Krefeld
Lichtoptische Herstellung und Diskussion der Faltungsquadrate parakristalliner Gitter
1956, 108 Seiten, 63 Abb., 6 Tabellen, DM 24,70

HEFT 174
Prof. Dr. W. von Fragstein, Dr. J. Meingast und H. Hoch, Köln
Herstellung von Solen einheitlicher Teilchengröße und Ermittlung ihrer optischen Eigenschaften
1955, 78 Seiten, 80 Abb., 4 Tabellen, DM 18,25

HEFT 175
Dr.-Ing. H. Zeller, Aachen
Beitrag zur eindimensionalen stationären und nichtstationären Gasströmung mit Reibung und Wärmeleitung insbesondere in Rohren mit unstetigen Querschnittsänderungen
1956, 138 Seiten, 56 Abb., DM 29,30

HEFT 176
Dipl.-Ing. H. Schöberl, Duisburg
Über die Methoden zur Ermittlung der Verbrennungstemperatur von Brennstoffen und ein Vorschlag zu ihrer Verbesserung
1955, 30 Seiten, 3 Abb., DM 6,50

HEFT 177
Dipl.-Ing. H. Stüdemann, Solingen, und Dr.-Ing. W. Müchler, Essen
Entwicklung eines Verfahrens zur zahlenmäßigen Bestimmung der Schneideigenschaften von Messerklingen
1956, 104 Seiten, 68 Abb., 4 Tabellen, DM 22,20

HEFT 178
Prof. Dr. M. von Stackelberg u. Dr. W. Hans, Bonn
Untersuchungen zur Ausarbeitung und Verbesserung von polarographischen Analysenmethoden
1955, 46 Seiten, 14 Abb., DM 10,50

HEFT 179
Dipl.-Ing. H. F. Reineke, Bochum
Entwicklungsarbeiten auf dem Gebiete der Meß- und Regeltechnik
1955, 46 Seiten, 10 Abb., DM 10,—

HEFT 180
Dr.-Ing. W. Piepenburg, Dipl.-Ing. B. Bühling und Bauing. J. Behnke, Köln
Putzarbeiten im Hochbau und Versuche mit aktiviertem Mörtel und mechanischem Mörtelauftrag
1955, 116 Seiten, 31 Abb., 68 Tabellen, DM 23,—

HEFT 181
Prof. Dr. W. Franz, Münster
Theorie der elektrischen Leitvorgänge in Halbleitern und isolierenden Festkörpern bei hohen elektrischen Feldern
1955, 28 Seiten, 2 Abb., 1 Tabelle, DM 6,20

HEFT 182
Dr.-Ing. P. Schenk u. Dr. K. Osterloh, Düsseldorf
Katalytisch-thermische Spaltung von gasförmigen und flüssigen Kohlenwasserstoffen zur Spitzengaserzeugung
1955, 50 Seiten, 11 Abb., 11 Tabellen, DM 10,90

HEFT 183
Dr. W. Bornheim, Köln
Entwicklungsarbeiten an Flaschen- und Ampullen-Behandlungsmaschinen für die pharmazeutische Industrie
1956, 48 Seiten, 24 Abb., DM 11,70

HEFT 184
Dr.-Ing. E. Printz, Kettwig
Vollhydraulische Parallel-Kupplung für Ackerschlepper
1955, 32 Seiten, 4 Abb., DM 7,80

HEFT 185
Dipl.-Ing. W. Rohs und Text.-Ing. G. Heller, Bielefeld
Studien an einem neuzeitlichen Kreuzspultrockner für Bastfasergarne mit Wiederbefeuchtungszone
1955, 52 Seiten, 9 Abb., 3 Tabellen, DM 10,70

HEFT 186
Dr. E. Wedekind, Krefeld
Untersuchungen zur Arbeitsbestgestaltung bei der Fertigstellung von Oberhemden in gewerblichen Wäschereien
1955, 124 Seiten, 28 Abb., 6 Tabellen, 2 Falttaf., DM 12,—

HEFT 187
Dipl.-Ing. F. Göttgens, Essen
Über die Eigenarten der Bimetall-, Thermo- und Flammenionisationssicherungsmethode in ihrer Anwendung auf Zündsicherungen
1955, 40 Seiten, 6 Abb., 4 Tabellen, DM 8,40

HEFT 188
W. Kinnebrock, Langenberg (Rhld.)
Der Einfluß des Austausches gleicher Gaskochbrenner bzw. Gaskochbrennerteile auf den Wirkungsgrad und insbesondere auf den CO-Gehalt der Verbrennungsgase
1955, 42 Seiten, 7 Tabellen, DM 8,70

HEFT 189
Fa. E. Leybold's Nachfolger, Köln
I. Ausgewählte Kapitel aus der Vakuumtechnik
II. Zum Verlust anorganisch-nichtflüchtiger Substanzen während der Gefriertrocknung
1955, 52 Seiten, 16 Abb., 3 Tabellen, DM 11,20

HEFT 190
Prof. Dr. A. Neuhaus, Prof. Dr. O. Schmitz-DuMont und Dipl.-Chem. H. Reckhard, Bonn
Zur Kenntnis der Alkalititanate
1955, 60 Seiten, 13 Abb., 1 Tabelle, DM 12,20

HEFT 191
Dr. H. Söhngen, Darmstadt
Schwingungsverhalten eines Schaufelkranzes im Vakuum
1955, 36 Seiten, 7 Abb., DM 7,80

HEFT 192
Dipl.-Phys. E. M. Schneider, München
Kohlebogenlampen für Aufnahme und Kopie
1955, 48 Seiten, 21 Abb., 3 Tabellen, DM 10,60

HEFT 193
Prof. Dr. O. Schmitz-DuMont, Bonn
Untersuchungen über neue Pigmentfarbstoffe
1956, 50 Seiten, 16 Abb., 8 Tabellen, DM 11,20

HEFT 194
Dr. K. Hecht, Köln
Entwicklung neuartiger physikalischer Unterrichtsgeräte
1955, 42 Seiten, 16 Abb., DM 9,90

HEFT 195
Dr.-Ing. E. Rößger, Köln
Gedanken über einen neuen deutschen Luftverkehr
1955, 342 Seiten, 29 Abb., 122 Tabellen, DM 50,—

HEFT 196
Dipl.-Ing. W. Rohs, und Text.-Ing. H. Griese, Bielefeld
Auswirkungen von Garnfehlern bei der Verarbeitung von Leinengarnen
1955, 36 Seiten, 3 Abb., 6 Tabellen, DM 7,80

HEFT 197
Dr. E. Wedekind, Krefeld
Untersuchungen zur Bestimmung der optimalen Arbeitsplatzgröße bei Mehrstuhlarbeit in der Weberei
1955, 92 Seiten, 34 Abb., DM 18,50

HEFT 198
Prof. Dr. J. Weissinger, Karlsruhe
Zur Aerodynamik des Ringflügels. Die Druckverteilung dünner, fast drehsymmetrischer Flügel in Unterschallströmung
1955, 42 Seiten, 5 Abb., DM 9,—

HEFT 199
Textilforschungsanstalt Krefeld
Die Messung von Gewebetemperaturen mittels Temperaturstrahlung
1955, 50 Seiten, 12 Abb., DM 10,90

HEFT 200
R. Seipenbusch, Langenberg (Rhld.)
Spitzengas durch Zusatz von Flüssiggas-Wassergas- und Flüssiggas-Generatorgas-Gemischen zu Stadtgas
1955, 48 Seiten, 21 Tabellen, DM 10,35

HEFT 201
Dr.-Ing. E. W. Pleines, Frankfurt/Main
Die Sicherheit im Luftverkehr
1956, 194 Seiten, 39 Abb., 19 Tabellen, DM 39,45

HEFT 202
Dipl.-Ing. D. Fiecke, Stuttgart/Zuffenhausen
Die Bestimmung der Flugzeugpolaren für Entwurfszwecke. I. Teil: Unterlagen
in Vorbereitung

HEFT 203
Dr. G. Wandel, Bonn
Uferbewachsung und Lebendverbauung an den Nordwestdeutschen Kanälen und ihren Zuflüssen sowie an der Ruhr
in Vorbereitung

HEFT 204
Dipl.-Ing. B. Naendorf, Langenberg (Rhld.)
Bestimmung der Brenneigenschaften und des Brennverhaltens verschiedener Gasarten und Einfluß verschiedener Düsengestaltung
1955, 32 Seiten, DM 7,10

HEFT 205
Dr. C. Schaarwächter, Düsseldorf
Über plastische Kupfer-Eisen-Phosphor-Legierungen
1956, 36 Seiten, 10 Abb., 10 Tabellen, DM 8,30

HEFT 206
Dr. P. Hölemann, Ing. R. Hasselmann und Ing. G. Dix, Dortmund
Untersuchungen über die Vorgänge bei der Zersetzung von in Azeton gelöstem Azetylen
1956, 74 Seiten, 7 Abb., 7 Tabellen, DM 15,55

HEFT 207
Prof. Dr.-Ing. H. Opitz, Dipl.-Ing. K. H. Fröhlich und Dipl.-Ing. H. Siebel, Aachen
Richtwerte für das Fräsen von unlegierten und legierten Baustählen mit Hartmetall. I. Teil
in Vorbereitung

HEFT 208
Prof. Dr.-Ing. H. Müller, Essen
Untersuchungen von Elektrowärmegeräten für Laienbedienung hinsichtlich Sicherheit und Gebrauchsfähigkeit. I. Untersuchungen an Kochplatten
in Vorbereitung

HEFT 209
Dr. K. Bunge, Leverkusen
Materialabbau in Funkenentladungen. Untersuchungen an Zinkkathoden
1956, 54 Seiten, 10 Abb., 5 Tabellen, DM 11,40

HEFT 210
Dr. W. Porschen und Prof. Dr. W. Riezler, Bonn
Langlebige Alphaaktivitäten bei natürlichen Elementen
1955, 40 Seiten, 5 Abb., 4 Tabellen, DM 8,80

HEFT 211
Prof. Dipl.-Ing. W. Sturtzel und Dr.-Ing. W. Graff, Duisburg
Die Versuchsanstalt für Binnenschiffbau, Duisburg
1956, 48 Seiten, 22 Abb., DM 11,—

HEFT 212
Dipl.-Ing. H. Spodig, Selm
Untersuchung zur Anwendung der Dauermagnete in der Technik
1955, 44 Seiten, 25 Abb., DM 9,80

HEFT 213
Dipl.-Ing. K. F. Rittinghaus, Aachen
Zusammenstellung eines Meßwagens für Bau- und Raumakustik
in Vorbereitung

HEFT 214
Dr.-Ing. J. Endres, München
Berechnung der optimalen Leistungen, Kraftstoffverbräuche und Wirkungsgrade von Einkreis-Turbolader-Strahltriebwerken am Boden und in der Höhe bei Fluggeschwindigkeiten von 0—2000 km/h
1956, 72 Seiten, 18 Abb., 8 Tabellen, DM 15,40

HEFT 215
Prof. Dr.-Ing. H. Opitz und Dr.-Ing. G. Weber, Aachen
Einfluß der Wärmebehandlung von Baustählen auf Spanentstehung, Schnittkraft- und Standzeitverhalten
in Vorbereitung

HEFT 216
Dr. E. Kloth, Köln
Untersuchungen über die Ausbreitung kurzer Schallimpulse bei der Materialprüfung mit Ultraschall
1956, 90 Seiten, 60 Abb., 4 Tabellen, DM 19,40

HEFT 217
Rationalisierungskuratorium der Deutschen Wirtschaft (RKW), Frankfurt/Main
Typenvielzahl bei Haushaltgeräten und Möglichkeiten einer Beschränkung
1956, 328 Seiten, 2 Abb., 181 Tabellen, DM 49,50

HEFT 218
Dr. F. Keune, Aachen
Bericht über eine Theorie der Strömung um Rotationskörper ohne Anstellung bei Machzahl Eins
1955, 40 Seiten, 8 Abb., 5 Formelblätter, DM 8,80

HEFT 219
Prof. Dr. W. Fuchs, Aachen
Untersuchungen zur Holzabfallverwertung und zur Chemie des Lignins
1955, 54 Seiten, 11 Abb., 15 Tabellen, DM 11,40

WESTDEUTSCHER VERLAG · KÖLN UND OPLADEN

HEFT 220
Prof. Dr. W. Fuchs, Aachen
Die Entwicklung neuer Regel- und Kontroll-Apparate zur coulometrischen Analyse
1956, 76 Seiten, 17 Abb., 23 Tabellen, DM 15,50

HEFT 221
Dr. W. Meyer-Eppler, Bonn
Experimentelle Untersuchungen zum Mechanismus von Stimme und Gehör in der lautsprachlichen Kommunikation
1955, 56 Seiten, 24 Abb., DM 13,45

HEFT 222
Dr. L. Köllner, Münster, und Dipl.-Volkswirt M. Kaiser, Bochum
Die internationale Wettbewerbsfähigkeit der westdeutschen Wollindustrie
1956, 214 Seiten, DM 39,50

HEFT 223
Dr.-Ing. K. Alberti und Dr. F. Schwarz, Köln
Über das Problem Hartbrand - Weichbrand
1956, 54 Seiten, 25 Abb., 14 Tabellen, DM 12,10

HEFT 224
Dipl.-Ing. H. Stüdeman und Ing. R. Beu, Solingen
Verfahren zur Prüfung der Korrosionsbeständigkeit von Messerklingen aus rostfreiem Stahl
1956, 82 Seiten, 28 Abb., DM 16,90

HEFT 225
Dr.-Ing. E. Barz, Remscheid
Der Spannungszustand von Gattersägeblättern
in Vorbereitung

HEFT 226
Technisch-wissenschaftliches Büro für die Bastfaserindustrie, Bielefeld
Untersuchungen zur Verbesserung des Leinenwebstuhles IV
Die Wirkung verschiedener Kettbaumbremsen auf die Verwebung von Leinengarnen
1956, 64 Seiten, 9 Abb., 4 Tabellen, DM 13,50

HEFT 227
Prof. Dr. F. Wever, Düsseldorf und Dr. W. Wepner, Köln
Untersuchung der Alterungsneigung von weichen unlegierten Stählen durch Härteprüfung bei Temperaturen bis 300 Grad C
1956, 34 Seiten, 20 Abb., 3 Tabellen, DM 7,95

HEFT 228
Prof. Dr. F. Wever, Dr. W. Koch, Düsseldorf und Dr. B. A. Steinkopf, Dortmund
Spektrochemische Grundlagen der Analyse von Gemischen aus Kohlenmonoxyd, Wasserstoff und Stickstoff
in Vorbereitung

HEFT 229
Prof. Dr. F. Wever, Dr. W. Koch und Dr.-Ing. H. Malissa, Düsseldorf
Über die Anwendung disubstituierter Dithiocarbamate der analytischen Chemie
1956, 44 Seiten, 30 Abb., 5 Tabellen, DM 10,50

HEFT 230
Prof. Dr. F. Wever, Düsseldorf und Dr. W. Wepner, Köln
Bestimmung kleiner Kohlenstoffgehalte im Alpha-Eisen durch Dämpfungsmessung
1956, 34 Seiten, 5 Abb., 2 Tabellen, DM 7,70

HEFT 231
Dr.-Ing. W. Küch, Dortmund
Über die Wechselwirkung zwischen Holzschutzbehandlung und Verleimung
1956, 48 Seiten, 10 Abb., 8 Tabellen, DM 10,40

HEFT 232
Prof. Dr.-Ing. O. Kienzle, Hannover und Dr.-Ing. H. Münnich, Schweinfurt
Feststellung der Spannungen und Dehnungen und Bruchdrehzahlen der unter Fliehkraft und Bearbeitungskraft beanspruchten Schleifkörper
in Vorbereitung

HEFT 233
Dr. H. Haase, Hamburg
Infrarot-Bibliographie
1956, 90 Seiten, DM 17,80

HEFT 234
Dr.-Ing. K. G. Speith und Dr.-Ing. A. Bungeroth, Duisburg
Versuche zur Steigerung des Kokillen-Schluckvermögens beim Stranggießen von Stahl
1956, 26 Seiten, 5 Abb., DM 6,15

HEFT 235
Prof. Dr.-Ing. K. Leist und Dipl.-Ing. W. Dettmering, Aachen
Turbinenschaufeln aus Kunststoff für Kaltluftversuchsanlagen
1956, 46 Seiten, 43 Abb., 3 Tabellen, DM 12,30

HEFT 236
Dr.-Ing. O. Viertel und S. Lucas, Krefeld
Ergebnisse einer Hausfrauenbefragung über Wascheinrichtungen und Waschmethoden in städtischen Haushaltungen
1956, 34 Seiten, 4 Abb., DM 7,60

HEFT 237
Dr. P. Endler und Dr. H. Ludes, Köln
Bericht über eine Studienreise zur Orientierung der heutigen Behandlung der Lungentuberkulose in den Vereinigten Staaten von Nordamerika
1956, 32 Seiten, DM 7,10

HEFT 238
Institut für textile Meßtechnik, M.-Gladbach, e.V.
Untersuchung der Verzugsvorgänge an den Streckwerken verschiedener Spinnereimaschinen. 3. Bericht: Theoretische Betrachtungen über den Einfluß schlagender Zylinder und Druckrollen
in Vorbereitung

HEFT 239
Prof. Dr.-Ing. K. Leist und Dipl.-Ing. H. Scheele, Aachen und Dipl.-Ing. F. H. Flottmann, Herne
Versuche an einem neuartigen luftgekühlten Hochleistungs-Kolbenkompressor
in Vorbereitung

HEFT 240
Prof. Dr.-Ing. K. Leist und Dipl.-Ing. H. Scheele, Aachen
Temperaturmessungen an einem einstufigen luftgekühlten 4-Zylinder-Kolbenkompressor mit Kühlgebläse
in Vorbereitung

HEFT 241
Prof. Dr.-Ing. K. Leist und Dipl.-Ing. M. Pötke, Aachen
Leistungsversuche an einem Kühlluftgebläse
in Vorbereitung

HEFT 242
Prof. Dr.-Ing. K. Leist und Dipl.-Ing. K. Graf, Aachen
Straßenfahrzeuge mit Gasturbinenantrieb
in Vorbereitung

HEFT 243
Prof. Dr.-Ing. K. Leist und Dipl.-Ing. S. Förster, Aachen
Die französische Kleingasturbine Artouste — 1. Teil
in Vorbereitung

HEFT 244
Prof. Dr. F. Wever, Dr. W. Koch und Dr. S. Eckhard, Düsseldorf
Erfahrungen mit der spektrochemischen Analyse von Gefügebestandteilen des Stahles
1956, 32 Seiten, 8 Abb., 2 Tabellen, DM 7,80

HEFT 245
Prof. Dr.-Ing. K. Krekeler, Aachen
Das Verbinden von Metallen durch Kunstharzkleber. Teil I: Eigenschaften und Verwendung der Metallklebstoffe
1956, 48 Seiten, 8 Abb., DM 10,25

HEFT 246
Prof. Dr.-Ing. K. Krekeler, Aachen
Das Verbinden von Metallen durch Kunstharzkleber. Teil II: Untersuchungen an geklebten Leichtmetall-Verbindungen
in Vorbereitung

HEFT 247
Dr. H. Söhngen, Darmstadt
Strömung vor einem Überschall-Laufrad
1956, 26 Seiten, 4 Abb., DM 7,60

HEFT 248
Rheinische Aktiengesellschaft für Braunkohlenbergbau und Brikettfabrikation, Köln
Untersuchung der Bindemitteleigenschaften von Braunkohlenfilteraschen
in Vorbereitung

HEFT 249
Dr. M.-E. Meffert, Essen
Weitere Kulturversuche Scenedesmus obliquus
1956, 36 Seiten, 5 Abb., 10 Tabellen, DM 8,—

HEFT 250
Dr. F. Schwarz und Dr.-Ing. K. Alberti, Köln
Entwicklung von Untersuchungsverfahren zur Gütebeurteilung von Industriekalken
in Vorbereitung

HEFT 251
Prof. Dr. H. Bittel, Münster
Zur Statistik der ferromagnetischen Elementarvorgänge und ihren Einfluß auf das Barkhausenrauschen
in Vorbereitung

HEFT 252
Dipl.-Ing. H. Frings, Geilenkirchen
Die Wirkung abfallender Wetterführung auf Wettertemperatur, Grubengasgehalt und Staubbildung
in Vorbereitung

HEFT 253
Dipl.-Ing. S. Schirmanski, Berghausen
Stand und Auswertung der Forschungsarbeiten über Temperatur- und Feuchtigkeitsgrenzen bei der bergmännischen Arbeit
in Vorbereitung

HEFT 254
Prof. Dr. R. Danneel, Bonn
Quantitative Untersuchungen über die Entwicklung des Ehrlich-Ascitesturmors bei Inzuchtmäusen
in Vorbereitung

HEFT 255
Ing. B. v. Schlippe, Bad Nauheim
Strömung von Flüssigkeiten mit temperaturabhängiger Zähigkeit (Kühlung von Ölen)
1956, 54 Seiten, 12 Abb., 4 Tabellen, DM 11,70

HEFT 256
Prof. Dr. C. Schmieden und Dipl.-Math. K. H. Müller, Darmstadt
Die Strömung einer Quellstrecke im Halbraum — eine strenge Lösung der Navier-Stokes-Gleichungen
1956, 40 Seiten, 9 Abb., DM 8,80

HEFT 257
Prof. Dr. G. Lehmann und Dr. J. Tamm, Dortmund
Die Beeinflussung vegetativer Funktionen des Menschen durch Geräusche
in Vorbereitung

HEFT 258
Dr. H. Paul, Linz (Rhein) und Prof. Dr. O. Graf, Dortmund
Zur Frage der Unfälle im Bergbau
1956, 52 Seiten, 9 Abb., 22 Tabellen, DM 11,20

HEFT 259
Prof. Dr. W. Linke, Aachen
Strömungsvorgänge in künstlich belüfteten Räumen
1956, 52 Seiten, 37 Abb., 1 Tabelle, DM 11,80

HEFT 260
Prof. Dr. W. Kast, Freiburg (Br.), Prof. Dr. A. H. Stuart und Dipl.-Phys. H. G. Fendler, Hannover
Lichtzerstreuungsmessungen an Lösungen hochpolymerer Stoffe
in Vorbereitung

HEFT 261
Prof. Dr. W. Kast, Freiburg (Br.)
Feinstruktur-Untersuchungen an künstlichen Zellulosefasern verschiedener Herstellungsverfahren. Teil II: Der Kristallisationszustand
in Vorbereitung

HEFT 262
Dr.-Ing. W. Batel, Aachen
Untersuchungen zur Absiebung feuchter, feinkörniger Haufwerke und Schwingsieben
in Vorbereitung

HEFT 263
Prof. Dr. H. Lange und Dipl.-Phys. R. Kohlhaas, Köln
Über die Wärmeleitfähigkeit von Stählen bei hohen Temperaturen: Teil I: Literaturbericht
in Vorbereitung

HEFT 264
Prof. Dr. W. Weizel, Bonn
Durch schnelle Funkenzusammenbrüche ausgelöste Signale auf einer Leitung
1956, 26 Seiten, 4 Abb., 3 Tabellen, DM 6,10

HEFT 265
Prof. Dr. F. Micheel und Dr. R. Engel, Münster
Eine Apparatur zur elektrophoretischen Trennung von Stoffgemischen
in Vorbereitung

HEFT 266
Fliesen-Beratungsstelle Bad Godesberg-Mehlem
Güteeigenschaften keramischer Wand- und Bodenfliesen und deren Prüfmethoden
1956, 32 Seiten, DM 7,10

HEFT 267
Prof. Dr. W. Weizel und B. Brandt, Bonn
Zur Stabilität stromstarker Glimmentladungen
1956, 36 Seiten, 7 Abb., DM 8,40

HEFT 268
Prof. Dr.-Ing. G. Vogelpohl, Göttingen
Über die Tragfähigkeit von Gleitlagern und ihre Berechnung
in Vorbereitung

WESTDEUTSCHER VERLAG · KÖLN UND OPLADEN

HEFT 269
Markscheider R. Bals, Bochum
Eignung des Gebirgsankerausbaus zur Erleichterung des Streckenvortriebs im Steinkohlenbergbau
in Vorbereitung

HEFT 270
Dr. H. Krebs und Mitarbeiter, Bonn
Die Trennung von Racematen auf chromatographischem Wege
in Vorbereitung

HEFT 271
Prof. Dr.-Ing. H. Opitz und Dipl.-Ing. H. Axer, Aachen
Beeinflussung des Verschleißverhaltens bei spanenden Werkzeugen durch flüssige und gasförmige Kühlmittel und elektrische Maßnahmen
in Vorbereitung

HEFT 272
Prof. Dr. W. Fuchs und Dr. H. Dresia, Aachen
Untersuchungen über die Schnellverbrennung und Schnellvergasung fester Brennstoffe
in Vorbereitung

HEFT 273
Fa. K. W. Tacke G.m.b.H., Wuppertal-Barmen
Erfahrungen beim Verspinnen von Perlonfasern und bei der Herstellung von Trikotagen aus gesponnenem Perlon
in Vorbereitung

HEFT 274
Prof. Dr.-Ing. K. Krekeler und Dipl.-Ing. H. Verhoeven, Aachen
Qualitative Untersuchungen bei Verbindungsschweißungen mittels Lichtbogenschweißautomaten unter Verwendung von Blankdraht und Zugabe von ferromagnetischem Pulver als Umhüllung
in Vorbereitung

HEFT 275
Prof. Dr.-Ing. K. Krekeler und Dipl.-Ing. H. Verhoeven, Aachen
Qualitative Untersuchungen von Punktschweißverbindungen an Tiefzieh- und Aluminiumblechen, die nach dem Argonarc-Punktschweißverfahren hergestellt werden
in Vorbereitung

HEFT 276
Fa. E. Haage, Mülheim (Ruhr)
Entwicklungsarbeiten im Apparatebau für Laboratorien
in Vorbereitung

HEFT 277
Dr.-Ing. W. Müchler, Essen
Untersuchung und zahlenmäßige Bestimmung der Schneideigenschaften von Messern mit besonderer Berücksichtigung rostfreier Messerstähle
in Vorbereitung

HEFT 278
Dipl.-Ing. J. Stelter und Dipl.-Ing. H. Kickert, Aachen
I. Sichtbarmachung von Ultraschallfeldern unter Verwendung photographischer Emulsionsschichten
II. Methode zur Bestimmung der wirklichen Temperaturverhältnisse in Flüssigkeiten während der Beschallung (Nach einer Diplom-Arbeit von H. Schnitzler)
in Vorbereitung

HEFT 279
Dr. F. Keune, Aachen
Der gewölbte und verwundene Tragflügel ohne Dicke in Schallnähe
in Vorbereitung

HEFT 280
Dipl.-Ing. J. Stelter und Dipl.-Ing. E. Pfende, Aachen
Über Störerscheinungen bei Schallgeschwindigkeitsmessungen mittels der Interferometermethode
in Vorbereitung

HEFT 281
Prof. Dr.-Ing. K. Lürenbaum, Aachen
Der Meßwagen des Instituts für Maschinen-Dynamik der Deutschen Versuchsanstalt für Luftfahrt, Aachen
in Vorbereitung

HEFT 282
Bergrat a. D. Scherer, Bochum
Das B.T.-Schwelverfahren und seine Anwendung auf der Anlage Marienau
in Vorbereitung

HEFT 283
Prof. Dr. F. Wever und Dr.-Ing. W. Lueg, Düsseldorf
Warmstauchversuche zur Ermittlung der Formänderungsfestigkeit von Gesenkschmiede-Stählen

HEFT 284
Prof. Dr. F. Wever, Düsseldorf, Dr.-Ing. H. J. Wiester, Essen, Dr.-Ing. F. W. Straßburg, Duisburg, Prof. Dr.-Ing. H. Opitz, Aachen, und Dr.-Ing. K. H. Fröhlich, Köln
Einfluß des Gefüges auf die Zerspanbarkeit von Einsatz- und Vergütungsstählen
in Vorbereitung

HEFT 285
Prof. Dr.-Ing. O. Kienzle, Dr.-Ing. K. Lange, Hannover, und Dipl.-Ing. H. Meinert, Osterode
Einfluß der Oberfläche auf das Verschleißverhalten von Schmiedegesenken
in Vorbereitung

HEFT 286
Dr.-Ing. K. Lange, Hannover, Dipl.-Ing. H. Meinert, Osterode, unter Mitarbeit von Dr.-Ing. H. Arend, Mülheim (Ruhr)
Verschleißverhalten hartverchromter Schmiedegesenke
in Vorbereitung

HEFT 287
Prof. Dr.-Ing. K. Krekeler, Aachen
Änderungen der mechanischen Eigenschaftswerte thermoplastischer Kunststoffe bei Beanspruchung in verschiedenen Medien
in Vorbereitung

HEFT 288
Dr. K. Brücker-Steinkuhl, Düsseldorf
Anwendung mathematisch-statistischer Verfahren in der Industrie
in Vorbereitung

HEFT 289
Prof. Dr.-Ing. H. Winterhager, Aachen
Kombinierter Widerstands- und Lichtbogen-Vakuumofen zur Verarbeitung von Titanschwamm
Prof. Dr. Dr. h. c. R. Schwarz, Aachen
Erforschung neuer Wege zur Darstellung von Titanmetall
in Vorbereitung

HEFT 290
Dr. D. Horstmann, Düsseldorf
I. Der verstärkte Angriff des Zinks auf Eisen im Temperaturgebiet um 500° C
II. Einfluß eines Antimongehaltes auf den Angriff von Zinkschmelzen auf Eisen
in Vorbereitung

HEFT 291
Dr.-Ing. H. J. Wiester und Dr. D. Horstmann, Düsseldorf
Der Angriff eisengesättigter Zinkschmelzen auf silizium- und manganhaltiges Eisen
in Vorbereitung

HEFT 292
Dipl.-Ing. W. Rohs und Text.-Ing. H. Griese, Bielefeld
Webversuche an Leinenwebstühlen mit verbesserter Schaftbewegung
in Vorbereitung

HEFT 293
Prof. J. W. Korte, unter Mitarbeit von Dipl.-Ing. P. A. Mäcke und Dipl.-Ing. W. Leutzbach, Aachen
Die Leistungsfähigkeit von Verkehrsanlagen des motorisierten städtischen Straßenverkehrs
in Vorbereitung

HEFT 294
Dipl.-Ing. B. Naendorf, Essen
Untersuchungen industrieller Gasbrenner
in Vorbereitung

HEFT 295
Prof. Dr.-Ing. H. Opitz und Dipl.-Ing. H. Axer, Aachen
Untersuchung und Weiterentwicklung neuartiger elektrischer Bearbeitungsverfahren
in Vorbereitung

HEFT 296
Prof. Dr.-Ing. H. Opitz, Aachen
I. Untersuchungen an elektronischen Regelantrieben
II. Statistische Untersuchungen zur Ausnutzung von Drehbänken
in Vorbereitung

HEFT 297
Dr. K. Schaarwächter, Düsseldorf
Die Reduktion von Siliziumtetrachlorid im Lichtbogen zur nachfolgenden Silizierung von Eisenblechen
in Vorbereitung

HEFT 298
Prof. Dr.-Ing. E. Oehler, Aachen
Untersuchung von kritischen Drehzahlen, die durch Kreiselmomente verursacht werden
in Vorbereitung

HEFT 299
Dr. J. Fassbender und W. Hoppe, Bonn
Eine photoelektrische Nachlaufeinrichtung für Analogie-Rechenmaschinen
in Vorbereitung

HEFT 300
Prof. Dr. E. Schütz und Privatdozent Dr. H. Caspers, Münster
Tierexperimentelle Untersuchungen über die Alkoholwirkungen auf Erregbarkeit und bioelektrische Spontanaktivität der Hirnrinde
in Vorbereitung

HEFT 301
Prof. Dr. W. Weltzien, Dr. G. Cossmann und P. Diehl, Krefeld
Über die fraktionierte Füllung von Polyamiden (II)
in Vorbereitung

HEFT 302
Prof. Dr.-Ing. W. Wegener und Dipl.-Ing. Willi Zahn, Aachen
Untersuchungen von gesponnenen Garnen auf ihre Gleichmäßigkeit nach verschiedenen Meßmethoden
in Vorbereitung

HEFT 303
Prof. Dr.-Ing. S. Kiesskalt, Aachen
Das Institut der Forschungsgesellschaft Verfahrenstechnik e. V. an der Technischen Hochschule Aachen
in Vorbereitung

HEFT 304
Prof. Dr.-Ing. K. Krekeler, Düsseldorf, und Dipl.-Ing. A. Kleine-Albers, Aachen
Beitrag zur thermoelastischen Warmformbarkeit von Hart PVC
in Vorbereitung

HEFT 305
Prof. Dr.-Ing. K. Krekeler, Düsseldorf, Dr.-Ing. H. Peukert, Aachen, und Dipl.-Ing. W. Schmitz, Siegburg
Heißgas-Schweißung von Hart-Polyvinylchlorid mit Zusatzwerkstoff
in Vorbereitung

HEFT 306
Prof. Dr. B. Rensch, Münster
Elektrophysiologische Untersuchungen zur Analysierung der Bildung von Assoziationen und Gedächtnisspuren in Gehirn und Rückenmark
Prof. Dr. A. Loeser, Münster
Akute und chronische Giftwirkungen sauerstoffhaltiger Lösungsmittel
in Vorbereitung

HEFT 307
Privatdozent Dr. J. Juilfs, Krefeld
Vergleichende Untersuchungen zur elastischen und bleibenden Dehnung von Fasern
in Vorbereitung

HEFT 308
Privatdozent Dr. J. Juilfs, Krefeld
Zur Messung der Fadenglätte
in Vorbereitung

HEFT 309
Prof. Dr. K. Cruse und Mitarbeiter, Clausthal-Zellerfeld
Aufbau und Arbeitsweise eines universell verwendbaren Hochfrequenz-Titrationsgerätes
in Vorbereitung

HEFT 310
Dr. P. F. Müller, Bonn
Die Integrieranlage des Rheinisch-Westfälischen Instituts für Instrumentelle Mathematik in Bonn
in Vorbereitung

HEFT 311
Prof. Dr. F. Wever und Dr. M. Hempel, Düsseldorf
Dauerschwingfestigkeit von Stählen bei erhöhten Temperaturen
Teil I: Erkenntnisse aus bisherigen Dauerschwingversuchen in der Wärme
in Vorbereitung

HEFT 312
Prof. Dr. F. Wever und Dr. M. Hempel, Düsseldorf
Dauerschwingfestigkeit von Stählen bei erhöhten Temperaturen
Teil II: Zug-Druck-Dauerschwingversuche an zwei warmfesten Stählen bei Temperaturen von 500 bis 650°
in Vorbereitung

HEFT 313
Prof. Dr. F. Wever, Dr. W. Koch und Dipl.-Phys. H. Rohde, Düsseldorf
Änderungen des Habitus und der Gitterkonstanten des Zementits in Chromstählen bei verschiedenen Wärmebehandlungen
in Vorbereitung

WESTDEUTSCHER VERLAG · KÖLN UND OPLADEN

HEFT 314
*Prof. Dr. F. Wever und Dr.-Ing. A. Krisch,
Düsseldorf, und Dr.-Ing. H.-J. Wiester, Essen*
Veränderungen im Gefügeaufbau von Chrom-Nickel-Molybdän-Stählen bei langzeitiger Beanspruchung im Zeitstandversuch bei 500°
in Vorbereitung

HEFT 315
*Prof. Dr. F. Wever und Dr.-Ing. A. Krisch,
Düsseldorf*
Metallkundliche Untersuchungen an Zeitstandproben
in Vorbereitung

HEFT 316
Dr. F. Keune, Aachen
Zusammenfassende Darstellung und Erweiterung des Aequivalenzsatzes für schallnahe Strömung
in Vorbereitung

HEFT 317
Dr.-Ing. J. Stelter, Aachen
Mikrobiologische Ultraschallwirkungen
in Vorbereitung

HEFT 318
Dipl.-Ing. H. Kickert, Aachen
Über die Ausbreitung von Ultraschall in Luft
in Vorbereitung

HEFT 319
Prof. Dr. C. Kröger, Aachen
Gemengereaktionen und Glasschmelze
in Vorbereitung

HEFT 320
Dr. H.-E. Caspary, Köln
Verwendung von Szintillationszählern anstelle von Zählrohren zur zerstörungsfreien Materialprüfung
in Vorbereitung

HEFT 321
*Prof. Dr. F. Wever, Düsseldorf und
Dr. W. Wepner, Köln*
Gleichzeitige Bestimmung kleiner Kohlenstoff- und Stickstoffgehalte im α-Eisen durch Dämpfungsmessung
in Vorbereitung

HEFT 322
*Prof. Dr.-Ing. F. Bollenrath und
Dipl.-Ing. W. Domke, Aachen*
Eigenspannungen in vergüteten, dickwandigen Stahlzylindern nach Oberflächenhärtung mit induktiver Erwärmung
in Vorbereitung

HEFT 323
Prof. Dr. R. Seyffert, Köln
Wege und Kosten der Distribution der Textilien, Schuh- und Lederwaren
in Vorbereitung

HEFT 324
*Prof. Dr.-Ing. H. Opitz, Dr.-Ing. E. Salje und
Dipl.-Ing. K. E. Schwartz, Aachen*
Richtwerte für das Außenrund-Längs- und Einstechschleifen
in Vorbereitung

HEFT 325
Prof. Dr. E. Schratz, Münster
Pharmakognostische Untersuchungen am Medizinal-Rhabarber
in Vorbereitung

HEFT 326
Prof. Dr.-Ing. E. Essers und Mitarbeiter, Aachen
Deichselkräfte an Lastzügen
in Vorbereitung

HEFT 327
*Prof. Dr.-Ing. K. Krekeler und
Dr.-Ing. H. Peukert, Aachen*
Beitrag zur thermoelastischen Formbarkeit von Polyäthylen
in Vorbereitung

HEFT 328
Dr. H. Maeder, Belo Horizonte
Schweißen von Temperguß
in Vorbereitung

HEFT 329
*Dipl.-Ing. A. Krüger, Karlsruhe, und
Feuerwehr-Ing. R. Radusch, Dortmund*
Wasserzerstäubung im Strahlrohr
in Vorbereitung

HEFT 330
Dipl.-Physiker E. Pepping, Aachen
Die Durchflußzahl des Rechteckschlitzes in einer sehr großen Wand
in Vorbereitung

HEFT 331
Dipl.-Ing. G. Bretschneider, Ruit
Die Messung der wiederkehrenden Spannung mit Hilfe des Netzmodelles
in Vorbereitung

HEFT 332
Prof. Dr.-Ing. R. Jaeckel und Dr. G. Reich, Bonn
Messung von Dampfdrucken im Gebiet unter 10^{-2} Torr
in Vorbereitung

HEFT 333
*Prof. Dipl.-Ing. W. Sturtzel und
Dr.-Ing. W. Graff, Duisburg*
I. Der Flachwassereinfluß auf den Form- und Reibungswiderstand von Binnenschiffen
II. Der Flachwassereinfluß auf die Nachstrom- und Sogverhältnisse bei Binnenschiffen
in Vorbereitung

HEFT 334
Prof. Dr. W. Weizel und Dr. G. Meister, Bonn
Spektralanalyse durch Messung des Interferenz-Kontrasts
in Vorbereitung

HEFT 335
Prof. Dr. W. Weizel und H. Hornberg, Bonn
Untersuchungen der anodischen Teile einer Glimmentladung
in Vorbereitung

HEFT 336
Dr. Tung-ping Yao, Aachen
Die Viskosität metallischer Schmelzen
in Vorbereitung

HEFT 337
Dr. R. Hoeppener und Dr. W. Bierther, Bonn
Tektonik und Lagerstätten im Rheinischen Schiefergebirge
in Vorbereitung

HEFT 338
*Prof. Dr.-Ing. W. Wegener, Aachen, und
Dipl.-Ing. J. Schneider, M.-Gladbach*
Die Bedeutung der Knotenart für die Herabminderung der Fadenbrüche
in Vorbereitung

HEFT 339
*Prof. Dr.-Ing. W. Wegener und
Dipl.-Ing. W. Zahn, Aachen*
Vergleich des normalen mit verschiedenen abgekürzten Baumwollspinnverfahren in bezug auf Gleichmäßigkeit und Sortierungsstreuung der Garne
in Vorbereitung

HEFT 340
*Dipl.-Ing. W. Rohs und Dipl.-Ing. R. Otto,
Bielefeld*
Das Naßspinnen von Bastfasergarnen mit Spinnbadzusätzen unter Ausnutzung einer zentralen Spinnwasserversorgungsanlage
in Vorbereitung

HEFT 341
Prof. Dr.-Ing. H. Winterhager und Dipl.-Ing. L. Werner, Aachen
Präzisions-Meßverfahren zur Bestimmung des elektrischen Leitvermögens geschmolzener Salze
in Vorbereitung

HEFT 342
*Prof. Dr.-Ing. H. Winterhager und Dipl.-Ing.
W. Barthel, Aachen*
Die Gewinnung von Titanschlackenkonzentraten aus eisenreichen Ilmeniten
in Vorbereitung

HEFT 343
*Prof. Dr.-Ing. W. Petersen, Aachen, und Dipl.-Ing.
S. Wawroschek, Aachen*
Die zweckmäßigsten Gütebestimmungsverfahren und Brikettierungsbedingungen bei der Erzeugung von Braunkohlen-Eisenerz-Briketts
in Vorbereitung

HEFT 344
Prof. Dr.-Ing. W. Fucks, Aachen
Zur Deutung einfachster mathematischer Sprachcharakteristiken
in Vorbereitung

HEFT 345
*Dipl.-Ing. G. Cerbe und Dipl.-Ing. H. Monstadt,
Essen*
Konvektive Trocknung mit gasbeheizter Luft und Trocknung durch Gasstrahler
in Vorbereitung

HEFT 346
Dipl.-Ing. O. Arnold, Aachen
Erfahrungen mit Kernbohrungen zur Lagerstättenuntersuchung im Erzbergbau
in Vorbereitung

HEFT 347
*S. Ruff, F. Kipp, H. Hansteen und G. Müller,
Bonn*
Untersuchungen zur Frage der Gehörschädigungen des fliegenden Personals der Propellerflugzeuge
in Vorbereitung

WESTDEUTSCHER VERLAG · KÖLN UND OPLADEN

VERÖFFENTLICHUNGEN DER ARBEITSGEMEINSCHAFT FÜR FORSCHUNG DES LANDES NORDRHEIN-WESTFALEN

NATURWISSENSCHAFTEN

Im Auftrage des Ministerpräsidenten Fritz Steinhoff
herausgegeben von Staatssekretär Prof. Leo Brandt

HEFT 1
Prof. Dr.-Ing. *Friedrich Seewald*, Aachen
Neue Entwicklungen auf dem Gebiet der Antriebsmaschinen
Prof. Dr.-Ing. *Friedrich A. F. Schmidt*, Aachen
Technischer Stand und Zukunftsaussichten der Verbrennungsmaschinen, insbesondere der Gasturbinen
Dr.-Ing. *Rudolf Friedrich*, Mülheim (Ruhr)
Möglichkeiten und Voraussetzungen der industriellen Verwertung der Gasturbine
1951, 52 Seiten, 15 Abb., kartoniert, DM 2,75

HEFT 2
Prof. Dr.-Ing. *Wolfgang Riezler*, Bonn
Probleme der Kernphysik
Prof. Dr. *Fritz Micheel*, Münster
Isotope als Forschungsmittel in der Chemie und Biochemie
1951, 40 Seiten, 10 Abb., kartoniert, DM 2,40

HEFT 3
Prof. Dr. *Emil Lehnartz*, Münster
Der Chemismus der Muskelmaschine
Prof. Dr. *Gunther Lehmann*, Dortmund
Physiologische Forschung als Voraussetzung der Bestgestaltung der menschlichen Arbeit
Prof. Dr. *Heinrich Kraut*, Dortmund
Ernährung und Leistungsfähigkeit
1951, 60 Seiten, 35 Abb., kartoniert, DM 3,50

HEFT 4
Prof. Dr. *Franz Wever*, Düsseldorf
Aufgaben der Eisenforschung
Prof. Dr.-Ing. *Hermann Schenck*, Aachen
Entwicklungslinien des deutschen Eisenhüttenwesens
Prof. Dr.-Ing. *Max Haas*, Aachen
Wirtschaftliche Bedeutung der Leichtmetalle und ihre Entwicklungsmöglichkeiten
1952, 60 Seiten, 20 Abb., kartoniert, DM 3,50

HEFT 5
Prof. Dr. *Walter Kikuth*, Düsseldorf
Virusforschung
Prof. Dr. *Rolf Danneel*, Bonn
Fortschritte der Krebsforschung
Prof. Dr. Dr. *Werner Schulemann*, Bonn
Wirtschaftliche und organisatorische Gesichtspunkte für die Verbesserung unserer Hochschulforschung
1952, 50 Seiten, 2 Abb., kartoniert, DM 2,75

HEFT 6
Prof. Dr. *Walter Weizel*, Bonn
Die gegenwärtige Situation der Grundlagenforschung in der Physik
Prof. Dr. *Siegfried Strugger*, Münster
Das Duplikantenproblem in der Biologie
Direktor Dr. *Fritz Gummert*, Essen
Überlegungen zu den Faktoren Raum und Zeit im biologischen Geschehen und Möglichkeiten einer Nutzanwendung
1952, 64 Seiten, 20 Abb., kartoniert, DM 3,—

HEFT 7
Prof. Dr.-Ing. *August Götte*, Aachen
Steinkohle als Rohstoff und Energiequelle
Prof. Dr. Dr. E. h. *Karl Ziegler*, Mülheim (Ruhr)
Über Arbeiten des Max-Planck-Institutes für Kohlenforschung
1953, 66 Seiten, 4 Abb., kartoniert, DM 3,60

HEFT 8
Prof. Dr.-Ing. *Wilhelm Fucks*, Aachen
Die Naturwissenschaft, die Technik und der Mensch
Prof. Dr. *Walther Hoffmann*, Münster
Wirtschaftliche und soziologische Probleme des technischen Fortschritts
1952, 84 Seiten, 12 Abb., kartoniert, DM 4,80

HEFT 9
Prof. Dr.-Ing. *Franz Bollenrath*, Aachen
Zur Entwicklung warmfester Werkstoffe
Prof. Dr. *Heinrich Kaiser*, Dortmund
Stand spektralanalytischer Prüfverfahren und Folgerung für deutsche Verhältnisse
1952, 100 Seiten, 62 Abb., kartoniert, DM 6,—

HEFT 10
Prof. Dr. *Hans Braun*, Bonn
Möglichkeiten und Grenzen der Resistenzzüchtung
Prof. Dr.-Ing. *Carl Heinrich Dencker*, Bonn
Der Weg der Landwirtschaft von der Energieautarkie zur Fremdenergie
1952, 74 Seiten, 23 Abb., kartoniert, DM 4,30

HEFT 11
Prof. Dr.-Ing. *Herwart Opitz*, Aachen
Entwicklungslinien der Fertigungstechnik in der Metallbearbeitung
Prof. Dr.-Ing. *Karl Krekeler*, Aachen
Stand und Aussichten der schweißtechnischen Fertigungsverfahren
1952, 72 Seiten, 49 Abb., kartoniert, DM 5,—

HEFT 12
Dr. *Hermann Rathert*, Wuppertal-Elberfeld
Entwicklung auf dem Gebiet der Chemiefaser-Herstellung
Prof. Dr. *Wilhelm Weltzien*, Krefeld
Rohstoff und Veredlung in der Textilwirtschaft
1952, 84 Seiten, 29 Abb., kartoniert, DM 4,80

HEFT 13
Dr.-Ing. E. h. *Karl Herz*, Frankfurt a. M.
Die technischen Entwicklungstendenzen im elektrischen Nachrichtenwesen
Staatssekretär Prof. *Leo Brandt*, Düsseldorf
Navigation und Luftsicherung
1952, 102 Seiten, 97 Abb., kartoniert, DM 7,25

HEFT 14
Prof. Dr. *Burckhardt Helferich*, Bonn
Stand der Enzymchemie und ihre Bedeutung
Prof. Dr. *Hugo Wilhelm Knipping*, Köln
Ausschnitt aus der klinischen Carcinomforschung am Beispiel des Lungenkrebses
1952, 72 Seiten, 12 Abb., kartoniert, DM 4,30

HEFT 15
Prof. Dr. *Abraham Esau* †, Aachen
Ortung mit elektrischen und Ultraschallwellen in Technik und Natur
Prof. Dr.-Ing. *Eugen Flegler*, Aachen
Die ferromagnetischen Werkstoffe der Elektrotechnik und ihre neueste Entwicklung
1953, 84 Seiten, 25 Abb., kartoniert, DM 4,80

HEFT 16
Prof. Dr. *Rudolf Seyffert*, Köln
Die Problematik der Distribution
Prof. Dr. *Theodor Beste*, Köln
Der Leistungslohn
1952, 70 Seiten, 1 Abb., kartoniert, DM 3,50

HEFT 17
Prof. Dr.-Ing. *Friedrich Seewald*, Aachen
Luftfahrtforschung in Deutschland und ihre Bedeutung für die allgemeine Technik
Prof. Dr.-Ing. *Edouard Houdremont*, Essen
Art und Organisation der Forschung in einem Industrieforschungsinstitut der Eisenindustrie
1953, 90 Seiten, 4 Abb., kartoniert, DM 4,20

HEFT 18
Prof. Dr. Dr. *Werner Schulemann*, Bonn
Theorie und Praxis pharmakologischer Forschung
Prof. Dr. *Wilhelm Groth*, Bonn
Technische Verfahren zur Isotopentrennung
1953, 72 Seiten, 17 Abb., kartoniert, DM 4,—

HEFT 19
Dipl.-Ing. *Kurt Traenckner*, Essen
Entwicklungstendenzen der Gaserzeugung
1953, 26 Seiten, 12 Abb., kartoniert, DM 1,60

HEFT 20
M. Zvegintzow, London
Wissenschaftliche Forschung und die Auswertung ihrer Ergebnisse
Ziel und Tätigkeit der National Research Development Corporation
Dr. *Alexander King*, London
Wissenschaft und internationale Beziehungen
1954, 88 Seiten, kartoniert, DM 4,20

HEFT 21
Prof. Dr. *Robert Schwarz*, Aachen
Wesen und Bedeutung der Silicium-Chemie
Prof. Dr. Dr. h. c. *Kurt Alder*, Köln
Fortschritte in der Synthese von Kohlenstoffverbindungen
1954, 76 Seiten, 49 Abb., kartoniert, DM 4,—

HEFT 21 a
Prof. Dr. Dr. h. c. *Otto Hahn*, Göttingen
Die Bedeutung der Grundlagenforschung für die Wirtschaft
Prof. Dr. *Siegfried Strugger*, Münster
Die Erforschung des Wasser- und Nährsalztransportes im Pflanzenkörper mit Hilfe der fluoreszenzmikroskopischen Kinematographie
1953, 74 Seiten, 26 Abb., kartoniert, DM 5,—

HEFT 22
Prof. Dr. *Johannes von Allesch*, Göttingen
Die Bedeutung der Psychologie im öffentlichen Leben
Prof. Dr. *Otto Graf*, Dortmund
Triebfedern menschlicher Leistung
1953, 80 Seiten, 19 Abb., kartoniert, DM 4,—

HEFT 23
Prof. Dr. Dr. h. c. *Bruno Kuske*, Köln
Zur Problematik der wirtschaftswissenschaftlichen Raumforschung
Prof. Dr.-Ing. E. h. *Stephan Prager*, Düsseldorf
Städtebau und Landesplanung
1954, 84 Seiten, kartoniert, DM 3,50

HEFT 24
Prof. Dr. *Rolf Danneel*, Bonn
Über die Wirkungsweise der Erbfaktoren
Prof. Dr. *Kurt Herzog*, Krefeld
Bewegungsbedarf der menschlichen Gliedmaßengelenke bei der Berufsarbeit
1953, 76 Seiten, 18 Abb., kartoniert, DM 4,—

WESTDEUTSCHER VERLAG · KÖLN UND OPLADEN

HEFT 25
Prof. Dr. Otto Haxel, Heidelberg
Energiegewinnung aus Kernprozessen
Dr.-Ing. Dr. Max Wolf, Düsseldorf
Gegenwartsprobleme der energiewirtschaftlichen Forschung
1953, 98 Seiten, 27 Abb., kartoniert, DM 5,25

HEFT 26
Prof. Dr. Friedrich Becker, Bonn
Ultrakurzwellenstrahlung aus dem Weltraum
Dr. Hans Straßl, Bonn
Bemerkenswerte Doppelsterne und das Problem der Sternentwicklung
1954, 70 Seiten, 8 Abb., kartoniert, DM 3,60

HEFT 27
Prof. Dr. Heinrich Behnke, Münster
Der Strukturwandel der Mathematik in der ersten Hälfte des 20. Jahrhunderts
Prof. Dr. Emanuel Sperner, Hamburg
Eine mathematische Analyse der Luftdruckverteilungen in großen Gebieten
1956, 96 Seiten, 12 Abb, 5 Tab., kartoniert, DM 5,—

HEFT 28
Prof. Dr. Oskar Niemczyk, Aachen
Die Problematik gebirgsmechanischer Vorgänge im Steinkohlenbergbau
Prof. Dr. Wilhelm Ahrens, Krefeld
Die Bedeutung geologischer Forschung für die Wirtschaft, besonders in Nordrhein-Westfalen
1955, 96 Seiten, 12 Abb., kartoniert, DM 5,25

HEFT 29
Prof. Dr. Bernhard Rensch, Münster
Das Problem der Residuen bei Lernleistungen
Prof. Dr. Hermann Fink, Köln
Über Leberschäden bei der Bestimmung des biologischen Wertes verschiedener Eiweiße von Mikroorganismen
1954, 96 Seiten, 23 Abb., kartoniert, DM 5,25

HEFT 30
Prof. Dr.-Ing. Friedrich Seewald, Aachen
Forschungen auf dem Gebiete der Aerodynamik
Prof. Dr.-Ing. Karl Leist, Aachen
Einige Forschungsarbeiten aus der Gasturbinentechnik
1955, 98 Seiten, 45 Abb., kartoniert, DM 7,—

HEFT 31
Prof. Dr.-Ing. Dr. h. c. Fritz Mietzsch, Wuppertal
Chemie und wirtschaftliche Bedeutung der Sulfonamide
Prof. Dr. Dr. h. c. Gerhard Domagk, Wuppertal
Die experimentellen Grundlagen der bakteriellen Infektionen
1954, 82 Seiten, 2 Abb., kartoniert, DM 4,—

HEFT 32
Prof. Dr. Hans Braun, Bonn
Die Verschleppung von Pflanzenkrankheiten und -schädigungen über die Welt
Prof. Dr. Wilhelm Rudorf, Voldagsen
Der Beitrag von Genetik und Züchtung zur Bekämpfung von Viruskrankheiten der Nutzpflanzen
1953, 88 Seiten, 36 Abb., kartoniert, DM 5,—

HEFT 33
Prof. Dr.-Ing. Volker Aschoff, Aachen
Probleme der elektroakustischen Einkanalübertragung
Prof. Dr.-Ing. Herbert Döring, Aachen
Erzeugung und Verstärkung von Mikrowellen
1954, 74 Seiten, 23 Abb., kartoniert, DM 4,30

HEFT 34
Geheimrat Prof. Dr. Dr. Rudolf Schenck, Aachen
Bedingungen und Gang der Kohlenhydratsynthese im Licht
Prof. Dr. Emil Lehnartz, Münster
Die Endstufen des Stoffabbaues im Organismus
1954, 80 Seiten, 11 Abb., kartoniert, DM 4,20

HEFT 35
Prof. Dr.-Ing. Hermann Schenck, Aachen
Gegenwartsprobleme der Eisenindustrie in Deutschland
Prof. Dr.-Ing. Eugen Piwowarsky †, Aachen
Gelöste und ungelöste Probleme im Gießereiwesen
1954, 110 Seiten, 67 Abb., kartoniert, DM 6,50

HEFT 36
Prof. Dr. Wolfgang Riezler, Bonn
Teilchenbeschleuniger
Prof. Dr. Gerhard Schubert, Hamburg
Anwendung neuer Strahlenquellen in der Krebstherapie
1954, 104 Seiten, 43 Abb., kartoniert, DM 7,—

HEFT 37
Prof. Dr. Franz Lotze, Münster
Probleme der Gebirgsbildung
Bergwerksdirektor Bergassessor a.D. G. Rauschenbach, Essen
Die Erhaltung der Förderungskapazität des Ruhrbergbaues auf lange Sicht
in Vorbereitung

HEFT 38
Dr. E. Colin Cherry, London
Kybernetik
Prof. Dr. Erich Pietsch, Clausthal-Zellerfeld
Dokumentation und mechanisches Gedächtnis — zur Frage der Ökonomie der geistigen Arbeit
1954, 108 Seiten, 31 Abb., kartoniert, DM 5,25

HEFT 39
Dr. Heinz Haase, Hamburg
Infrarot und seine technischen Anwendungen
Prof. Dr. Abraham Esau †, Aachen
Ultraschall und seine technischen Anwendungen
1955, 80 Seiten, 25 Abb., kartoniert, DM 4,80

HEFT 40
Bergassessor Fritz Lange, Bochum-Hordel
Die wirtschaftliche und soziale Bedeutung der Silikose im Bergbau
Prof. Dr. Walter Kikuth, Düsseldorf
Die Entstehung der Silikose und ihre Verhütungsmaßnahmen
1954, 120 Seiten, 40 Abb., kartoniert, DM 7,25

HEFT 40a
Prof. Dr. Eberhard Gross, Bonn
Berufskrebs und Krebsforschung
Prof. Dr. Hugo Wilhelm Knipping, Köln
Die Situation der Krebsforschung vom Standpunkt der Klinik
1955, 88 Seiten, 31 Abb., kartoniert, DM 5,—

HEFT 41
Direktor Dr.-Ing. Gustav-Victor Lachmann, London
An einer neuen Entwicklungsschwelle im Flugzeugbau
Direktor Dr.-Ing. A. Gerber, Zürich-Oerlikon
Stand der Entwicklung der Raketen- und Lenktechnik
1955, 88 Seiten, 44 Abb., kartoniert, DM 6,—

HEFT 42
Prof. Dr. Theodor Kraus, Köln
Lokalisationsphänomene und Raumordnung vom Standpunkt der geographischen Wissenschaft
Direktor Dr. Fritz Gummert, Essen
Vom Ernährungsversuchsfeld der Kohlenstoffbiologischen Forschungsstation Essen
in Vorbereitung

HEFT 42a
Prof. Dr. Dr. h. c. Gerhard Domagk, Wuppertal
Fortschritte auf dem Gebiet der experimentellen Krebsforschung
1954, 46 Seiten, kartoniert, DM 2,—

HEFT 43
Prof. Giovanni Lampariello, Rom
Über Leben und Werk von Heinrich Hertz
Prof. Dr. Walter Weizel, Bonn
Über das Problem der Kausalität in der Physik
1955, 76 Seiten kartoniert, DM 3,30

HEFT 43a
Prof. Dr. José Mª Albareda, Madrid
Die Entwicklung der Forschung in Spanien
in Vorbereitung

HEFT 44
Prof. Dr. Burckhardt Helferich, Bonn
Über Glykoside
Prof. Dr. Fritz Micheel, Münster
Kohlenhydrat-Eiweiß-Verbindungen und ihre biochemische Bedeutung
in Vorbereitung

HEFT 45
Prof. Dr. John von Neumann, Princeton, USA
Entwicklung und Ausnutzung neuerer mathematischer Maschinen
Prof. Dr. E. Stiefel, Zürich
Rechenautomaten im Dienste der Technik mit Beispielen aus dem Züricher Institut für angewandte Mathematik
1955, 74 Seiten, 6 Abb., kartoniert, DM 3,50

HEFT 46
Prof. Dr. Wilhelm Weltzien, Krefeld
Ausblick auf die Entwicklung synthetischer Fasern
Prof. Dr. Walther Hoffmann, Münster
Wachstumsformen der Industriewirtschaft
in Vorbereitung

HEFT 47
Staatssekretär Prof. Leo Brandt, Düsseldorf
Die praktische Förderung der Forschung in Nordrhein-Westfalen
Prof. Dr. Ludwig Raiser, Bad Godesberg
Die Förderung der angewandten Forschung durch die Deutsche Forschungsgemeinschaft
in Vorbereitung

HEFT 48
Dr. Hermann Tromp, Rom
Bestandsaufnahme der Wälder der Welt als internationale und wissenschaftliche Aufgabe
Prof. Dr. Franz Heske, Schloß Reinbek
Die Wohlfahrtswirkungen des Waldes als internationales Problem
in Vorbereitung

HEFT 49
Präsident Dr. G. Böhnecke, Hamburg
Zeitfragen der Ozeanographie
Reg.-Direktor Dr. H. Gabler, Hamburg
Nautische Technik und Schiffssicherheit
1955, 120 Seiten, 49 Abb., kartoniert, DM 7,50

HEFT 50
Prof. Dr.-Ing. Friedrich A. F. Schmidt, Aachen
Probleme der Selbstzündung und Verbrennung bei der Entwicklung der Hochleistungskraftmaschinen
Prof. Dr.-Ing. A. W. Quick, Aachen
Ein Verfahren zur Untersuchung des Austauschvorganges in verwirbelten Strömungen hinter Körpern mit abgelöster Strömung
in Vorbereitung

HEFT 51
Prof. Dr. Siegfried Strugger, Münster
Struktur, Entwicklungsgeschichte und Physiologie der Chloroplasten
Direktor Dr. J. Pätzold, Erlangen
Therapeutische Anwendung mechanischer und elektrischer Energie
in Vorbereitung

HEFT 52
Mr. Patmore, London
Lufttüchtigkeit und technische Prüfung der Flugzeuge in England
Prof. A. D. Young, Cranfield
Die Ausbildung des Ingenieurnachwuchses auf dem Luftfahrtgebiet in England
in Vorbereitung

JAHRESFEIER 1955
Prof. Dr. Josef Pieper, Münster
Über den Philosophie-Begriff Platons
Prof. Dr. Walter Weizel, Bonn
Die Mathematik und die physikalische Realität
1955, 62 Seiten, kartoniert, DM 2,90

HEFT 52a
Dr. D. C. Martin, London
Geschichte und Organisation der Royal Society
Dr. Roux, Südafrika
Probleme der wissenschaftlichen Forschung in der Südafrikanischen Union
in Vorbereitung

HEFT 53
Prof. Dr.-Ing. Georg Schnadel, Hamburg
Forschungsaufgaben zur Untersuchung der Festigkeitsprobleme im Schiffsbau
Prof. Dipl.-Ing. Wilhelm Sturtzel, Duisburg
Forschungsaufgaben zur Untersuchung der Widerstandsprobleme im Schiffsbau
in Vorbereitung

HEFT 53a
Prof. Giovanni Lampariello, Rom
Von Galilei zu Einstein
1956, 92 Seiten, kartoniert, DM 4,20

HEFT 54
Prof. Dr. Julius Bartels, Göttingen
Sonne und Erde — das Thema des internationalen geophysikalischen Jahres
Direktor Dr. Walter Dieminger, Lindau/Harz
Ionosphäre und drahtloser Weitverkehr
in Vorbereitung

HEFT 54a
Sir John Cockcroft, London
Die friedliche Anwendung der Kernenergie
in Vorbereitung

HEFT 55
Prof. Dr.-Ing. Fritz Schultz-Grunow, Aachen
Das Kriechen und Fließen hochzäher und plastischer Stoffe
Prof. Dr.-Ing. Hans Ebner, Aachen
Wege und Ziele der Festigkeitsforschung besonders im Hinblick auf den Leichtbau
in Vorbereitung

WESTDEUTSCHER VERLAG · KÖLN UND OPLADEN

HEFT 56
Prof. Dr. Ernst Derra, Düsseldorf
Der Entwicklungsstand der Herzchirurgie
Prof. Dr. Gunther Lehmann, Dortmund
Muskelarbeit und Muskelermüdung in Theorie und Praxis
in Vorbereitung

HEFT 57
Prof. Dr. Theodor von Kármán, Pasadena
Freiheit und Organisation in der Luftfahrtforschung
in Vorbereitung

HEFT 58
Prof. Dr. Fritz Schröter, Ulm
Neue Forschungs- und Entwicklungsrichtungen im Fernsehen
Prof. Dr. Albert Narath, Berlin
Der gegenwärtige Stand der Filmtechnik
in Vorbereitung

HEFT 59
Prof. Dr. Richard Courant, New York
Die Bedeutung der modernen mathematischen Rechenmaschinen für mathematische Probleme der Hydrodynamik und Reaktortechnik
Prof. Dr. Ernst Peschl, Bonn
Die Rolle der komplexen Zahlen in der Mathematik und die Bedeutung der komplexen Analysis
in Vorbereitung

VERÖFFENTLICHUNGEN DER ARBEITSGEMEINSCHAFT FÜR FORSCHUNG DES LANDES NORDRHEIN-WESTFALEN

GEISTESWISSENSCHAFTEN

Im Auftrage des Ministerpräsidenten Fritz Steinhoff
herausgegeben von Staatssekretär Prof. Leo Brandt

HEFT 1
Prof. Dr. Werner Richter, Bonn
Die Bedeutung der Geisteswissenschaften für die Bildung unserer Zeit
Prof. Dr. Joachim Ritter, Münster
Die aristotelische Lehre vom Ursprung und Sinn der Theorie
1953, 64 Seiten, kartoniert, DM 2,90

HEFT 2
Prof. Dr. Josef Kroll, Köln
Elysium
Prof. Dr. Günther Jachmann, Köln
Die vierte Ekloge Vergils
1953, 72 Seiten, kartoniert, DM 2,90

HEFT 3
Prof. Dr. Hans Erich Stier, Münster
Die klassische Demokratie
1954, 100 Seiten, kartoniert, DM 4,50

HEFT 4
Prof. Dr. Werner Caskel, Köln
Lihyan und Lihyanisch. Sprache und Kultur eines früharabischen Königreiches
1954, 168 Seiten, 6 Abb., kartoniert, DM 8,25

HEFT 5
Prof. Dr. Thomas Ohm, Münster
Stammesreligionen im südlichen Tanganyika-Territorium
1953, 80 Seiten, 25 Abb., kartoniert, DM 8,—

HEFT 6
Prälat Prof. Dr. Dr. h. c. Georg Schreiber, Münster
Deutsche Wissenschaftspolitik von Bismarck bis zum Atomwissenschaftler Otto Hahn
1954, 102 Seiten, 7 Bilder, kartoniert, DM 5,—

HEFT 7
Prof. Dr. Walter Holtzmann, Bonn
Das mittelalterliche Imperium und die werdenden Nationen
1953, 28 Seiten, kartoniert, DM 1,30

HEFT 8
Prof. Dr. Werner Caskel, Köln
Die Bedeutung der Beduinen in der Geschichte der Araber
1954, 44 Seiten, kartoniert, DM 2,—

HEFT 9
Prälat Prof. Dr. Dr. h. c. Georg Schreiber, Münster
Irland im deutschen und abendländischen Sakralraum

HEFT 10
Prof. Dr. Peter Rassow, Köln
Forschungen zur Reichsidee im 16. und 17. Jahrhundert
1955, 32 Seiten, kartoniert, DM 1,50

HEFT 11
Prof. Dr. Hans Erich Stier, Münster
Roms Aufstieg zur Weltherrschaft
in Vorbereitung

HEFT 12
Prof. Dr. D. Karl Heinrich Rengstorf, Münster
Mann und Frau im Urchristentum
Prof. Dr. Hermann Conrad, Bonn
Grundprobleme einer Reform des Familienrechts
1954, 106 Seiten, kartoniert, DM 4,50

HEFT 13
Prof. Dr. Max Braubach, Bonn
Der Weg zum 20. Juli 1944
1953, 48 Seiten, kartoniert, DM 2,20

HEFT 14
Prof. Dr. Paul Hübinger, Münster
Das deutsch-französische Verhältnis und seine mittelalterlichen Grundlagen
in Vorbereitung

HEFT 15
Prof. Dr. Franz Steinbach, Bonn
Der geschichtliche Weg des wirtschaftenden Menschen in die soziale Freiheit und politische Verantwortung
1954, 76 Seiten, kartoniert, DM 2,90

HEFT 16
Prof. Dr. Josef Koch, Köln
Die Ars coniecturalis des Nikolaus von Cues
1956, 56 Seiten, 2 Abb., kartoniert, DM 2,90

HEFT 17
Prof. Dr. James Conant,
US-Hochkommissar für Deutschland
Staatsbürger und Wissenschaftler
Prof. D. Karl Heinrich Rengstorf, Münster
Antike und Christentum
1953, 48 Seiten, 2 Abb., kartoniert, DM 2,90

HEFT 18
Prof. Dr. Richard Alewyn, Köln
Klopstocks Publikum
in Vorbereitung

HEFT 19
Prof. Dr. Fritz Schalk, Köln
Das Lächerliche in der französischen Literatur des Ancien Régime
1954, 42 Seiten, kartoniert, DM 2,—

HEFT 20
Prof. Dr. Ludwig Raiser, Bad Godesberg
Rechtsfragen der Mitbestimmung
1954, 48 Seiten, kartoniert, DM 2,—

HEFT 21
Prof. D. Martin Noth, Bonn
Das Geschichtsverständnis der alttestamentlichen Apokalyptik
1953, 36 Seiten, kartoniert, DM 1,60

HEFT 22
Prof. Dr. Walter F. Schirmer, Bonn
Glück und Ende des Königs in Shakespeares Historien
1954, 32 Seiten, kartoniert, DM 1,50

HEFT 23
Prof. Dr. Günther Jachmann, Köln
Der homerische Schiffskatalog und die Ilias
in Vorbereitung

HEFT 24
Prof. Dr. Theodor Klauser, Bonn
Die römischen Petrustraditionen im Lichte der neuen Ausgrabungen unter der Peterskirche
in Vorbereitung

HEFT 25
Prof. Dr. Hans Peters, Köln
Die Gewaltentrennung in moderner Sicht
1955, 48 Seiten, kartoniert, DM 2,20

HEFT 26
Prof. Dr. Fritz Schalk, Köln
Calderon und die Mythologie
in Vorbereitung

HEFT 27
Prof. Dr. Josef Kroll, Köln
Vom Leben geflügelter Worte
in Vorbereitung

WESTDEUTSCHER VERLAG · KÖLN UND OPLADEN

HEFT 28
Prof. Dr. Thomas Ohm, Münster
Die Religionen in Asien
1954, 50 Seiten, 4 Abb., kartoniert, DM 5,—

HEFT 29
Prof. Dr. Johann Leo Weisgerber, Bonn
Die Ordnung der Sprache im persönlichen und öffentlichen Leben
1955, 64 Seiten, kartoniert, DM 2,90

HEFT 30
Prof. Dr. Werner Caskel, Köln
Entdeckungen in Arabien
1954, 44 Seiten, kartoniert, DM 2,—

HEFT 31
Prof. Dr. Max Braubach, Bonn
Entstehung und Entwicklung der landesgeschichtlichen Bestrebungen und historischen Vereine im Rheinland
1955, 32 Seiten, kartoniert, DM 1,60

HEFT 32
Prof. Dr. Fritz Schalk, Köln
Somnium und verwandte Wörter in den romanischen Sprachen
1955, 48 Seiten, 3 Abb., kartoniert, DM 2,50

HEFT 33
Prof. Dr. Friedrich Dessauer, Frankfurt a. M.
Erbe und Zukunft des Abendlandes
in Vorbereitung

HEFT 34
Prof. Dr. Thomas Ohm, Münster
Ruhe und Frömmigkeit
1955, 128 Seiten, 30 Abb., kartoniert, DM 8,—

HEFT 35
Prof. Dr. Hermann Conrad, Bonn
Die mittelalterliche Besiedlung des deutschen Ostens und das Deutsche Recht
1955, 40 Seiten, kartoniert, DM 2,—

HEFT 36
Prof. Dr. Hans Sckommodau, Köln
Die religiösen Dichtungen Margaretes von Navarra
1955, 172 Seiten, kartoniert, DM 7,20

HEFT 37
Prof. Dr. Herbert von Einem, Bonn
Der Mainzer Kopf mit der Binde
1955, 88 Seiten, 40 Abb., kartoniert, DM 6,—

HEFT 38
Prof. Dr. Joseph Höffner, Münster
Statik und Dynamik in der scholastischen Wirtschaftsethik
1955, 48 Seiten, kartoniert, DM 2,20

HEFT 39
Prof. Dr. Fritz Schalk, Köln
Diderots Essai über Claudius und Nero
in Vorbereitung

HEFT 40
Prof. Dr. Gerhard Kegel, Köln
Probleme des internationalen Enteignungs- und Währungsrechts
in Vorbereitung

HEFT 41
Prof. Dr. Johann Leo Weisgerber, Bonn
Die Grenzen der Schrift — Der Kern der Rechtschreibreform
1955, 72 Seiten, kartoniert, DM 3,25

HEFT 42
Prof. Dr. Richard Alewyn, Köln
Von der Empfindsamkeit zur Romantik
in Vorbereitung

HEFT 43
Prof. Dr. Theodor Schieder, Köln
Die Probleme des Rapallo-Vertrages 1922
in Vorbereitung

HEFT 44
Prof. Dr. Andreas Rumpf, Köln
Stilphasen der spätantiken Kunst
in Vorbereitung

HEFT 45
Dr. Ulrich Luck, Münster
Kerygma und Tradition in der Hermeneutik Adolf Schlatters
1955, 136 Seiten, kartoniert, DM 6,15

HEFT 46
Prof. Dr. Walther Holtzmann, Rom
Das Deutsche Historische Institut in Rom
Prof. Dr. Graf Wolff Metternich, Rom
Die Bibliotheca Hertziana und der Palazzo Zuccari
1955, 68 Seiten, 7 Abb., kartoniert, DM 3,50

JAHRESFEIER 1955
Prof. Dr. Josef Pieper, Münster
Über den Philosophie-Begriff Platons
Prof. Dr. Walter Weizel, Bonn
Die Mathematik und die physikalische Realität
1955, 62 Seiten, kartoniert, DM 2,90

HEFT 47
Prof. Dr. Harry Westermann, Münster
Person und Persönlichkeit im Zivilrecht
in Vorbereitung

HEFT 48
Prof. Dr. Johann Leo Weisgerber, Bonn
Die Namen der Ubier
in Vorbereitung

HEFT 49
Prof. Dr. Friedrich Karl Schumann, Münster
Mythos und Technik *in Vorbereitung*

HEFT 50
Prof. Dr. Wolfgang Schöne, Hamburg
Raffaels Sixtinische Madonna
in Vorbereitung

HEFT 51
Prälat Prof. Dr. Dr. h. c. Georg Schreiber, Münster
Der Bergbau in Geschichte, Ethos und Sakralkultur
in Vorbereitung

HEFT 52
Prof. Dr. Hans J. Wolff, Münster
Die Rechtsgestalt der Universität
in Vorbereitung

HEFT 53
Prof. Dr. Heinrich Vogt, Bonn
Schadenersatzprobleme im Verhältnis von Haftungsgrund und Schaden
in Vorbereitung

HEFT 54
Prof. Dr. Max Braubach, Bonn
Der Einmarsch der deutschen Truppen in die entmilitarisierte Zone am Rhein im März 1936. Ein Beitrag zur Vorgeschichte des zweiten Weltkrieges
in Vorbereitung

HEFT 55
Prof. Dr. Herbert von Einem, Bonn
Die Menschwerdung Christi des Isenheimer Altars
in Vorbereitung

HEFT 56
Prof. Dr. E. J. Cohn, London
Der englische Gerichtstag
in Vorbereitung

HEFT 57
Dr. Albert Woopen, Aachen
Die Zivilehe und der Grundsatz der Unauflöslichkeit der Ehe in der Entwicklung des italienischen Zivilrechts
1956, 88 Seiten, kartoniert, DM 4,—

MIX
Papier aus verantwortungsvollen Quellen
Paper from responsible sources
FSC® C105338

If you have any concerns about our products,
you can contact us on
ProductSafety@springernature.com

In case Publisher is established outside the EU,
the EU authorized representative is:
**Springer Nature Customer Service Center GmbH
Europaplatz 3, 69115 Heidelberg, Germany**

Printed by Libri Plureos GmbH
in Hamburg, Germany